榮西禪師

喫茶養生記

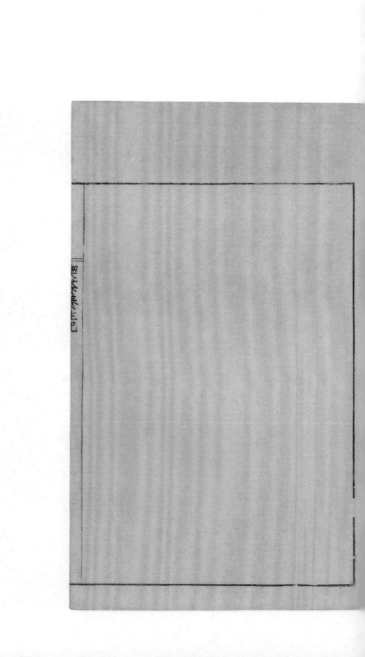

喫茶養生記

吃茶記

彩色典藏版

作家出版社

[日] 荣西禅师 著　施袁喜 译注

日本茶祖荣西禅师《吃茶养生记》

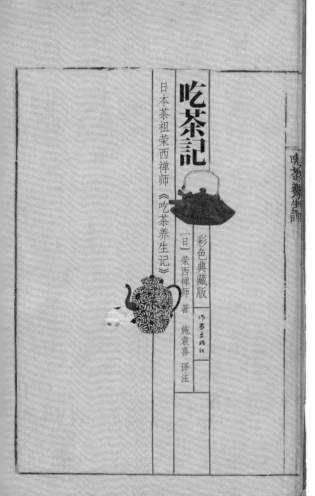

目录

说明

序

卷上

卷下

说明

荣西禅师(1141~1215)被尊为日本的“茶祖”，也是日本临济禅宗的“祖师”。荣西，字明庵，号千光、叶上房，俗姓贺阳，出生于日本备中(今冈山县)的一个神官家庭，自幼学习佛法，造诣深厚，曾两次入宋，学得中国的禅修法与茶道，传给日本大众。1215年(日本建保二年)，七十四岁的荣西禅师编辑出版《吃茶养生记》(《吃茶记》)，并将这部书献给幕府(当时日本的武士政权)。这是日本的第一部茶书，也是继中国唐代陆羽所著《茶经》以后世界上的第二部茶书。

《吃茶养生记》为什么将“喝茶”称为“吃茶”？一是因为饮茶、吃茶、喝茶是各地与各时期人们对汁茶饮用的不同称呼，现在南方人仍然叫“吃茶”；二是因为明代以前中国人的饮茶主流是将茶叶碾成粉末饮用，吃茶是将茶汤连带茶末一起吃下的，因而古代多称“吃茶”。日本延续荣西禅师从宋带回的习惯，喝的是末茶(日本称为抹茶)。简单地说，就是将青的茶，经过蒸，磨成粉，倒在碗里，用水和了，像薄粥一样，捧起来，整个喝下去的。当然，其中有许多技巧与方法，打开这本书就可以看到相关解读。

《吃茶养生记》的重点不是讲禅茶，也不是讲茶道，而是一本论述吃茶能促进健康的书。八百多年前，荣西禅师从南宋将茶引入日本，并于日本镰仓时代用中国古文体写成《吃茶养生记》一书。荣西禅师书中写道："茶是养生的仙药、延龄的妙术，不可不知。"从而确定了这本书的主题：养生。

本书的开头是荣西禅师的自序。书的正文由两部分构成，分别为论茶的上卷《五脏和合门》和论桑的下卷《遣除鬼魅门》。序文中，将茶放在"末代养生之仙药，人伦延龄之妙术也"的重要位置，并阐述了养生的必要性："其保一期之根源，在养生。"上卷先谈五脏和合与饮茶的关系，后半部分论述了茶的名称、产地、树形、采茶季节和制茶技术。在下卷《遣除鬼魅门》中，荣西说的是乱世多疫病，阐述了桑粥法、桑煎法等。

关于《吃茶养生记》这本著作，中国众多学者在其论述中有所提及，但一直没有独立的图书出版。其中最大的原因是《吃茶养生记》采用的是古文，字数较少，不足成书。为解决这个问题，我们从日本寻回众多与荣西禅师有关的资料，收集了茶在日本的种植、发展以及茶具、饮用等古籍图，又遴选了中国善本古籍中关于茶的绘图，为此书配插图二百余幅，并增加"导读+图说"内容，用以阐述茶的渊源与发展。这样，这本书在荣西禅师讲养生的基础上，又增添了许多茶文化的知识。

在论述"吃茶"的方式时，我们将大量笔墨放在唐、宋年间，明代之后的饮茶方式与现代相差无几，故不多述。

《吃茶养生记》一书中养生的内容，到了医学发达的今天，已然不能全部实用，只能当作古人对茶的一种看法与观点。书中提到的"养生"在今天准确地说应该是"健康"，故将书名改为《吃茶记》，特此说明。

序

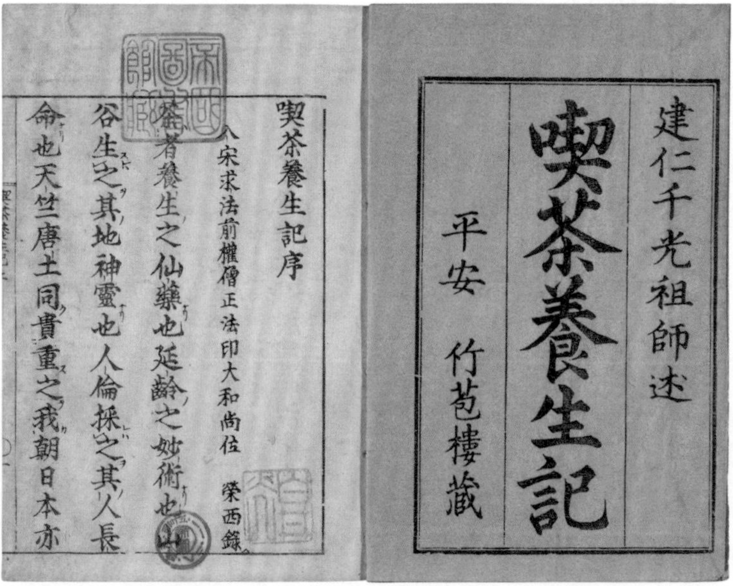
建仁千光祖師述
喫茶養生記
平安 竹苞樓藏

喫茶養生記序
入宋求法前權僧正法印大和尚位 榮西錄
茶者養生之仙藥也延齡之妙術也山谷生之其地神靈也人倫採之其人長命也天竺唐土同貴重之我朝日本亦

原书题有“建仁[1] 千光祖师[2] 述，平安竹苞楼[3] 藏”。

入宋求法前权僧正[4] 法印大和尚位荣西录。

【原文】

茶者，末代养生之仙药也，人伦[5]延龄之妙术也。山谷生之，其地神灵也。人伦采之，其人长命也。天竺[6]、唐土[7]同贵重之，我朝日本亦嗜爱矣。古今奇特仙药也，不可不摘乎？

谓劫初[8]人与天人同，今人渐下渐弱，四大[9]、五脏如朽。然者针灸并伤，汤治又不应乎。若如此治方者，渐弱渐竭，不可不怕者欤。昔者医方不添削而治，今人斟酌寡者欤。

伏惟天造万象，造人为贵也。人保一期，守命以为贤也。其保一期之源，在于养生。其示养生之术，可安五脏。五脏中，心脏为主乎。建立心脏之方，吃茶是妙术也。厥心脏弱，则五脏皆生病。

实印土耆婆[10]而二千余年，末世之血脉谁诊乎？汉家神农[11]隐而三千余岁，近代之药味讵理乎？然则无人于询病相，徒患徒危也。

有误于请治方，空灸空损也。偷闻今世之医术，则含药而损心地，病与药乖故也。带灸而夭身命，脉与灸战故也。

不如访大国之风，示近代治方乎。仍立二门[12]，而示末世病相，留赠后昆[13]，共利群生云矣。

于时建保二年[14]甲戌春正月日。谨叙。

【注释】

[1] 建仁：建仁寺，日本临济宗建仁寺派的大本山，位于京都市，是京都五山之一。建仁二年（1202），由荣西禅师在幕府的支持下创建。

[2] 千光祖师："千光"是荣西的号。

[3] 竹苞楼：日本的书店名。

[4] 权僧正：荣西当时所任的职位。僧官的最高级别为僧正，其中大僧正最高，其次是僧正，第三是权僧正。

[5] 人伦：指人类。

[6] 天竺：印度旧称。

[7] 唐土：中国旧称。

[8] 劫初：佛教语言，世界的开始时期。

[9] 四大：佛教认为万物皆由地、水、火、风构成，称为四大。就人体来看，骨肉为地，血为水，体温为火，活动力为风。

[10] 印土耆婆：印土即印度。耆婆，为印度佛陀时代频婆娑罗王与阿阇世王的御医，佛教徒，其名声可媲美我国战国时代的扁鹊。

[11] 汉家神农：汉家是指中国。神农，即神农氏，是传说中农业和医药的发明者，《茶经》中记载茶叶也是神农氏发现的。

[12] 二门：即《吃茶记》上卷"五脏和合门"与下卷"遣除鬼魅门"。

[13] 后昆：后人，子孙。

[14] 建保二年：建保是日本的年号，建保二年即1215年。

【译文】

茶称得上是养生的"仙药"，饮茶是延年益寿的妙法。茶生长在山谷中，山谷是神灵聚集之地，人们采摘它，饮用之后就可以长寿。

印度和中国都把茶看得很贵重，我们日本也嗜爱饮茶。茶是古今奇特的"仙药"，不可不采摘。

话说世界开始之时，凡人与天人相同，而如今人们越来越衰弱，人体五脏如同朽木，然而用针刺和灸治的方法都会伤害身体，用汤药治疗效果又不明显。假如常用这样的方法治疗，人们的体质就会日益衰弱，这不能不让人担心害怕。从前的医方不必增删药品而能治病，如今的人却缺少斟酌考虑。

上天创造万物，人是最贵重的。人生一世，以保护生命最为要紧。保护生命的根本在于养生，养生之法可以使五脏和谐相安。五脏之中，心脏最为要紧，而保健心脏的方法，就是吃茶这一妙招。如果心脏衰弱了，那五脏就会产生病患。

诚然，印度的耆婆医术虽高，但已经逝世二千余年，末世的脉象由谁来诊断？中国的神农隐去也有三千余载了，近世的药方该由谁来开？神医们都已作古，现已无人可以诊病疗疾，疾病隐患越来越危险了。

有时治疗方法有错误，无益的灸治只能是损坏身体。我私下听说，当今的医术，用了药却损害了心脏，那是因为没有对症下药啊！用灸法治病却使得宝贵的生命早早结束，那是因为所用的灸法与患者的脉象正相冲突。

既然我国的情况已经这样，倒不如寻访中国的做法，展示他们近代好的治疗方法。于是建立两个门类，以昭示来世的病状，留赠后人，造福于众生。

【导读】

荣西禅师在序言中指出，茶叶因为生长在山谷之中，天然具备了“仙药”的特质，人们饮用它就能延年益寿。从人体本身来说，心脏是五脏六腑的统帅，心脏健康了，其他脏腑就会和谐运转，而保养心脏的最好方法就是饮茶。日本当时没有医术高超的人，诸多疾病没办法诊治，所以只得仿照中国的做法，用吃茶和“仙术”两种法门来拯救众生。

荣西禅师在文中提到的神农便为神农氏。传说，茶是神农氏所发现的。《神农本草经》中有“神农尝百草，日遇七十二毒，得茶而解之”的记载，唐代陆羽的《茶经》也说“茶之为饮，发乎神农氏”。据后世学者考证，茶叶即便不是神农氏本人的发现，也应是来自炎帝部落的其他人或后人的发现。它最初只是被当作药用，是一种高大的野生茶树的叶子。至于发现茶叶的时间，肯定在距今四千多年以前。关于中国商业卖茶的最早记载见于一份叫作《僮约》的雇工合同。汉宣帝神爵三年（前59）正月，王褒去成都应试，暂住在一位叫杨惠的寡妇家中。杨惠的亡夫与王褒是多年的挚友，两人相交甚密，杨惠本人也对王褒的才气非常钦佩。杨惠陪王褒饮酒，家童生气，跑到杨惠亡夫坟前哭诉，王褒很是生气，跟杨惠商量要将这个恶童买去。家童不能违抗主人的命令，要求王褒将买他回去后要

千光祖师真影

选自《千光祖师塔铭拾遗钞》。荣西，日本镰仓时代的佛教徒，道号明庵，封号法印大和尚，又号千光祖师，临济宗创始人，建仁寺开山主持。他两次入宋学习中国的禅修法与茶道。

做的事情都写清楚，否则坚决不干。王褒觉得这事非常有趣，便以游戏的心态写下了洋洋洒洒的《僮约》，其中提到了“烹茶尽具”和“武阳买茶”，意思是说家童必须经常烹茶，每天将茶具准备齐全，洗涤干净，还要亲自到武阳（今四川彭山县）买茶，供主人享用。到唐代，饮茶之风风行城市乡野，大规模的茶馆相继出现。据《封氏闻见记》记载，“自邹、齐、沧、隶，渐至京邑城市，多开店铺，煮茶卖之，不问道俗，投钱取饮”。到北宋时，茶馆的发展进入了一个新的时期，茶肆和酒肆一样，遍布乡野城郭，呈现出一派繁荣的景象。在北宋画家张择端所作的《清明上河图》中，汴河两岸热闹拥挤的街市上就立有无数的酒楼和茶馆。南宋茶馆的经营品种还不时按季节变化调整，如冬天卖宝擂茶、葱茶等，夏天则卖雪泡梅花茶等。此时，正是荣西禅师来到中国的时期。

清明上河图

北宋，张择端绘。北京故宫博物院藏。全画分为两部分，一部分是农村，一部分是市集。从市集部分可以看到当时茶馆繁荣的情景。

炎帝神农氏

选自《帝王道统万年图》。明代仇英绘。炎帝又称赤帝、烈山氏，名石年，相传他牛头人身，是以牛为图腾的氏族的首领。关于炎帝和神农的关系，有一种说法认为，第一世炎帝叫神农，他的时代比黄帝的时代大约早几百年，而和黄帝同一个时代的炎帝是第八世炎帝，叫榆罔。后人尊称神农为『药王』『五谷先帝』『神农大帝』等。传说，神农氏的样貌很奇特，身体除四肢和脑袋外都是透明的，内脏清晰可见。神农氏尝尽百草，若药草有毒，他服下后内脏就会呈黑色，以此来判断药草对于人体哪一个部位有影响。

茶具

古波顺曼绘
江户时代
13.8×18.4 cm

茶具图

茶具，古代亦称茶器或茗器，泛指制茶、饮茶使用的器具。值得提出来的是，古代茶具不单指茶壶、茶杯，而是指所有泡茶过程中必备的器具，包括制茶、贮茶、饮茶等工具。日本茶具更为复杂，除了茶釜、茶入（插花瓶）和茶碗外，还有挂轴、花入、香盒、风炉、炭斗、火箸、釜垫、灰器（盛灰的）等物。还有点茶所用薄茶盒、茶勺、茶刷、清水罐、水注（就是带嘴儿的水壶）、水勺、水勺筒、釜盖承、污水罐、茶巾、绢巾、茶具架等，林林总总数十种，涉及陶器、漆器、瓷器、竹器、木器、金属器皿，等等。我们特从纽约大都会艺术博物馆选取一组日本茶具图供大家欣赏。

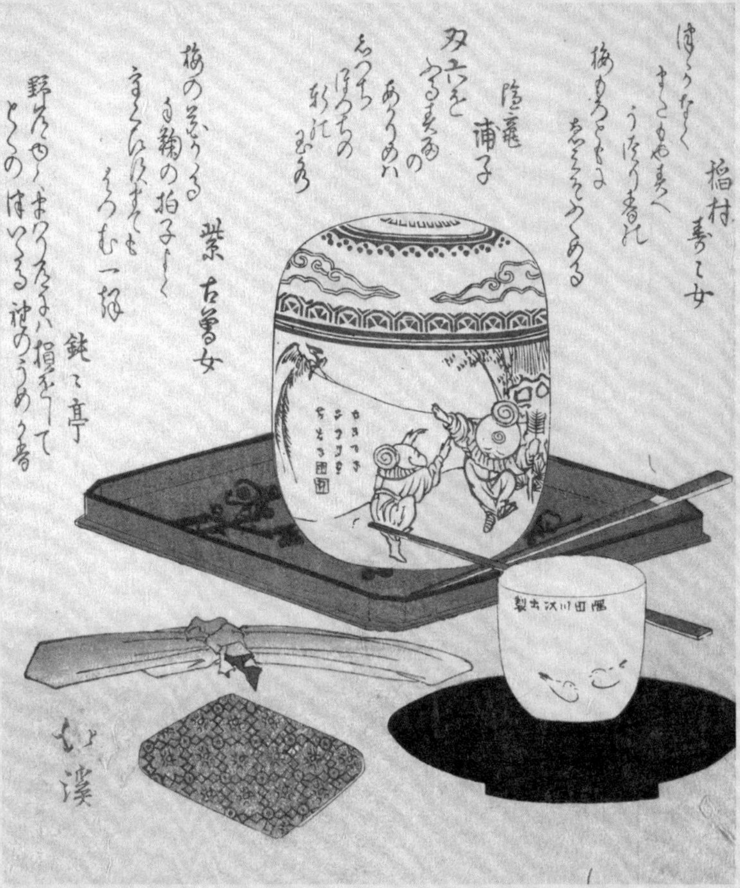

茶事
东藤浩子绘
江户时代
19.7×16.7cm

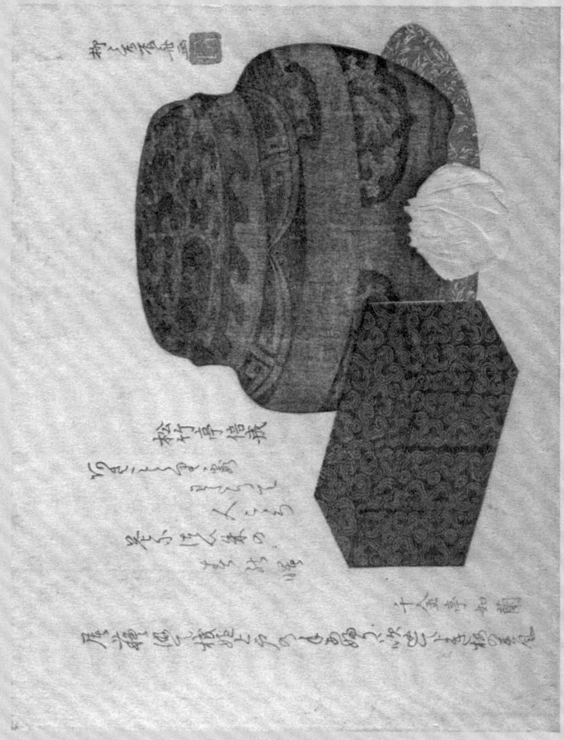

火炉和茶具

RyūryūkyoShinsai绘
江户时代
14×19.2cm

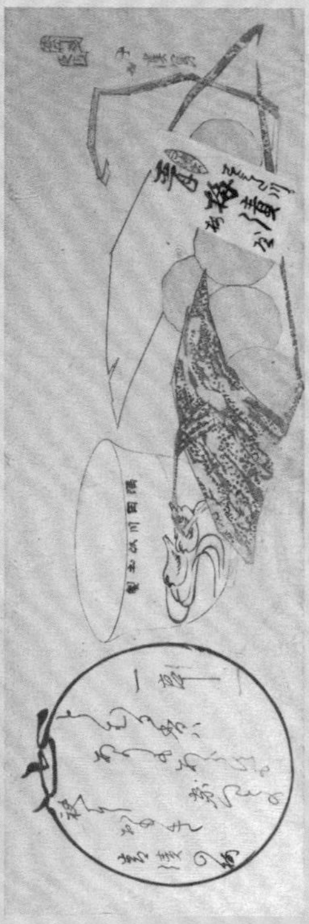

茶杯

RyūryūkyoShinsai绘
江户时代
8.9×27.9cm

茶具和糕点碗

菊川爱赞绘
江户时代
14.3×18.9cm

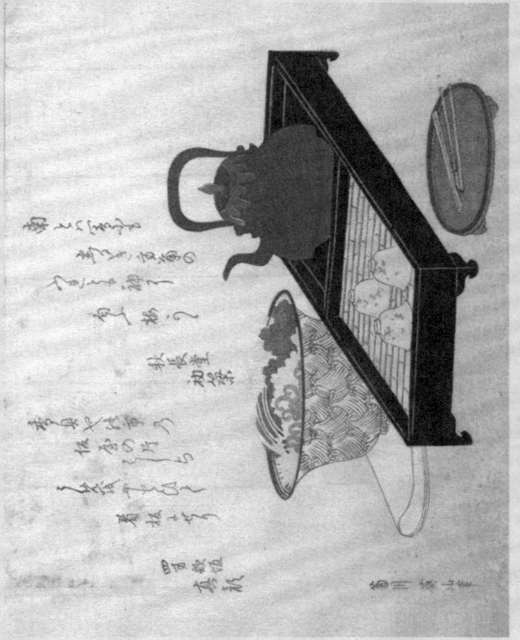

茶釜碗

RyūryūkyoShinsai绘
江户时代
13.2×18.1cm

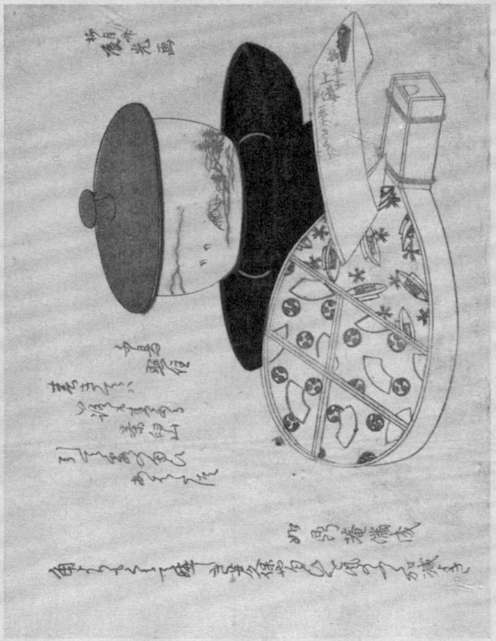

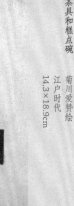

茶罐

RyūryūkyoShinsai绘

江户时代

20.5×18.1cm

壶

古波顺曼绘

江户时代

21×18.4cm

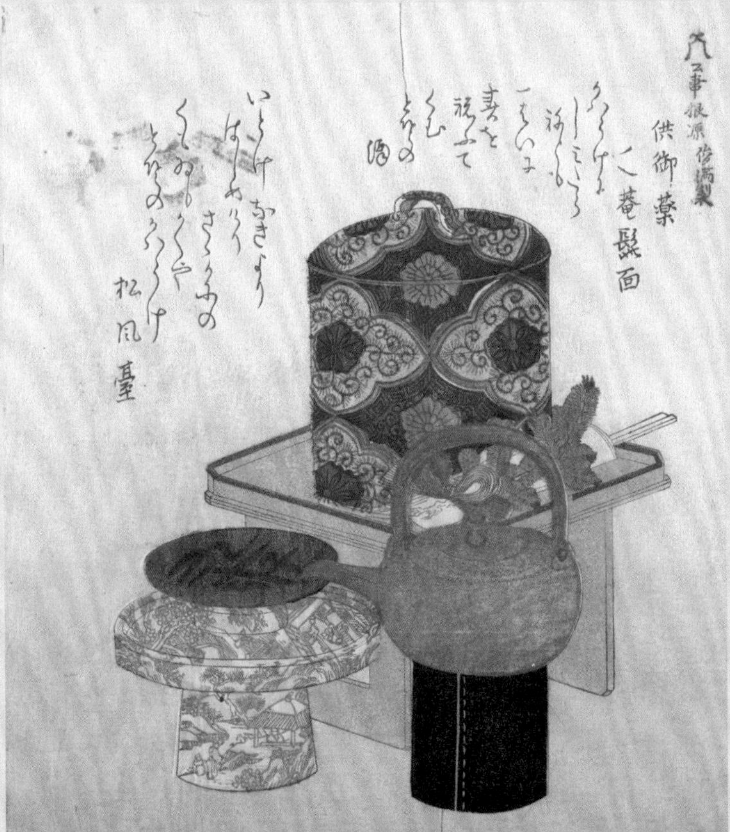

过新年

RyūryūkyoShinsai绘
江户时代
14.9×19.1cm

壶和杯子

Ry ū ry ū kyoShinsai绘
江户时代
14.8×19.7cm

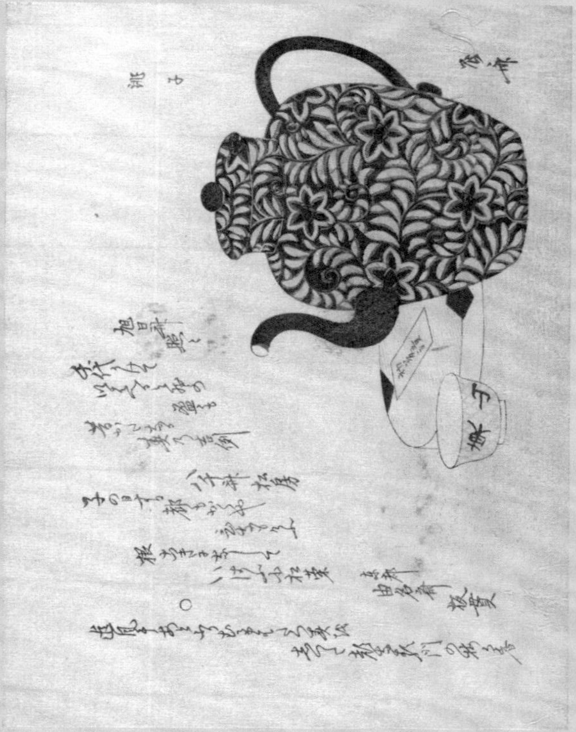

新年用具
RyūryūkyoShinsai绘
江户时代
19.5×16.7cm

茶具　RyūryūkyoShinsai绘
江户时代
21.9×28.6cm

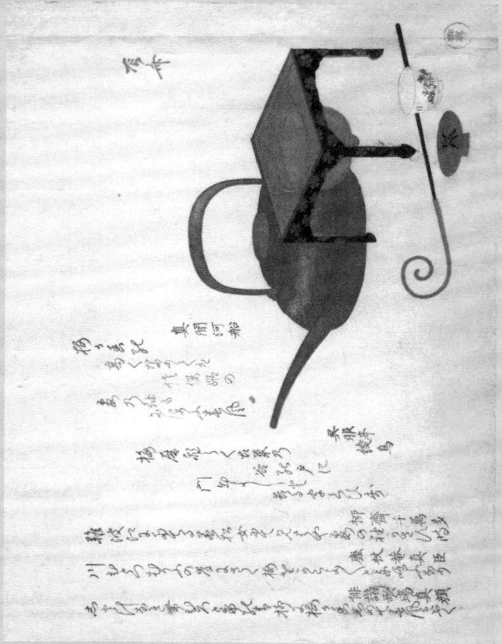

漆器　RyūryūkyoShinsai绘
江户时代
14.3×18.9cm

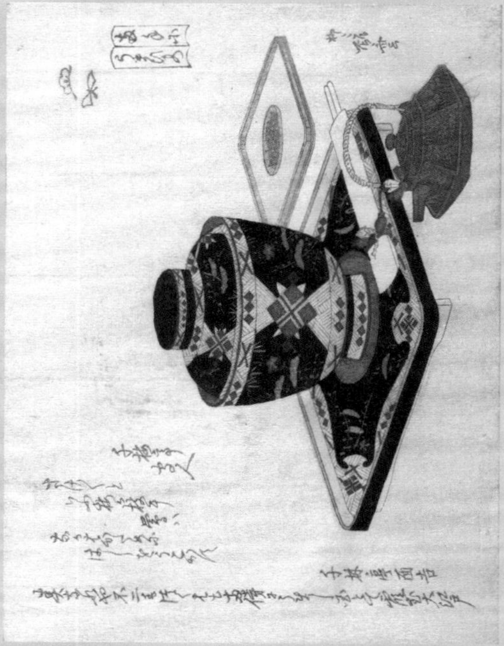

黑色的壶

RyūryūkyoShinsai绘
江户时代
13.5×18.6cm

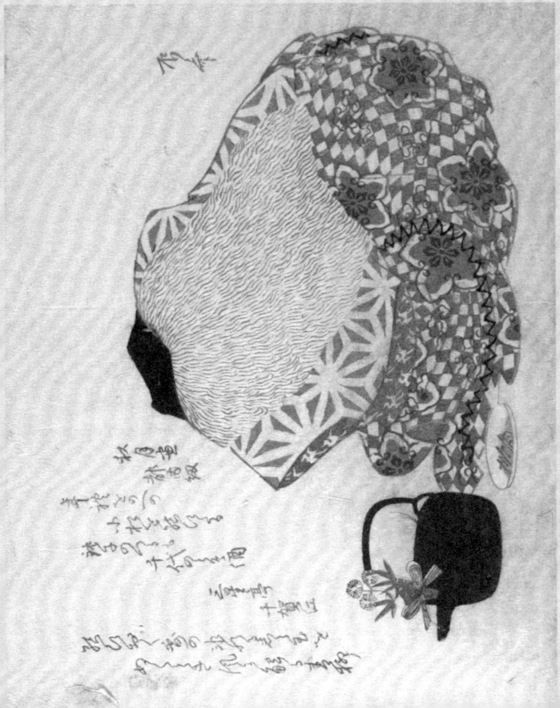

壶，杯和风扇

Yashima Gakutei绘
江户时代
19.5×16.7cm

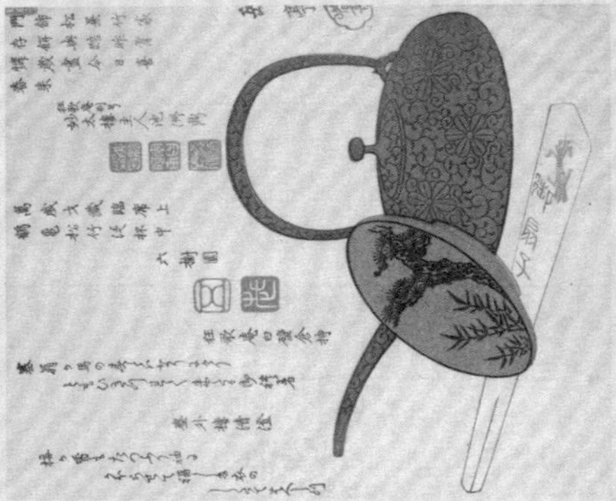

天目茶杯和包装盒

RyūryūkyoShinsai绘
江户时代
20.5×18.1cm

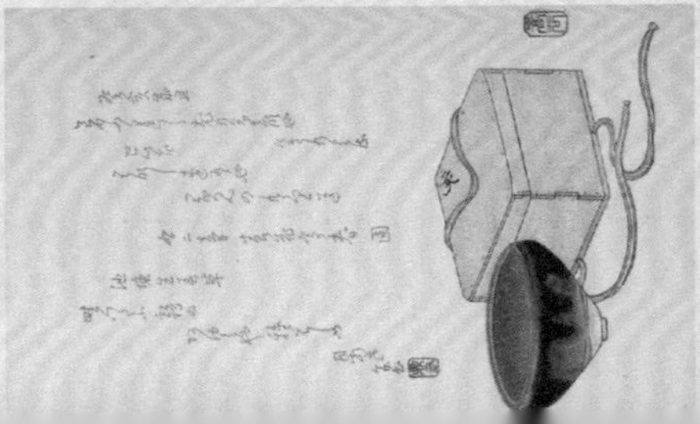

茶具

Sunayama Gosei绘
江户时代
20.6×18.4cm

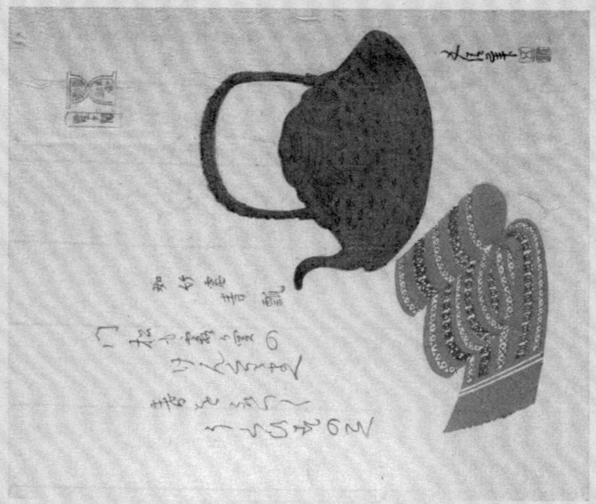

茶杯

Sunayama Gosei绘
江户时代
21×18.4cm

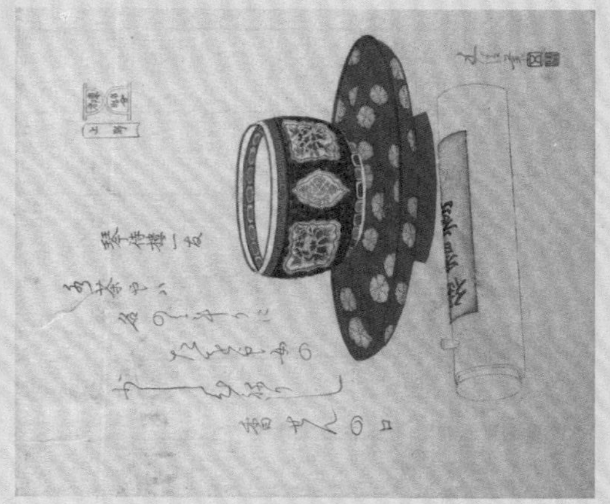

黑色茶叶罐　古波顺曼绘
江户时代
20.3×18.1cm

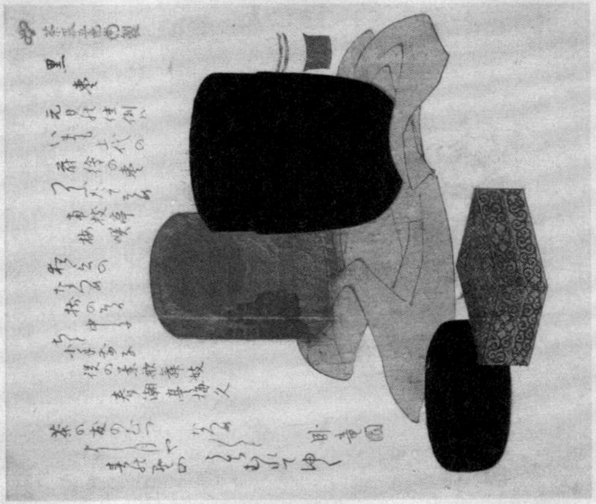

五色系列茶具　古波顺曼绘
江户时代
20.5×18.3cm

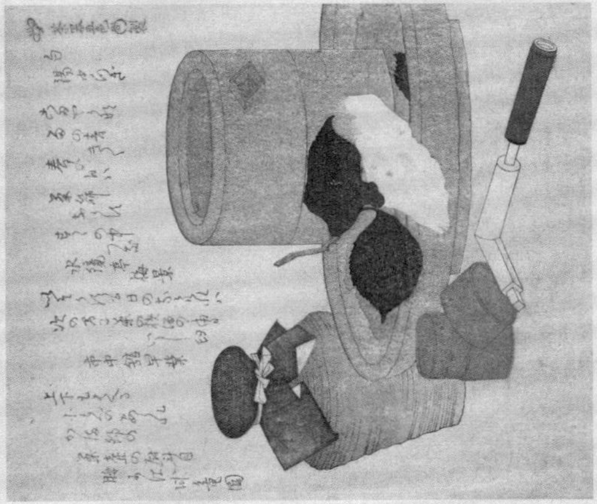

荣西，俗姓贺阳，字明庵，号叶上房，备中（冈山）吉备津人。日本镰仓时代前期僧人。荣西自幼聪敏超群，八岁就随父亲读佛经；十四岁登比睿山出家受具足戒；十七岁时，静心上人入灭，即依师遗言，追随师兄千命法师禀受虚空藏法。

1168年（南宋乾道四年，日本仁安三年）4月，二十七岁的荣西乘商船由博多出发，抵达中国明州。在当时的南宋，茶已成为文人雅士必不可少的依托，甚至超过了唐人的美酒。宋代文人雅士中还流行一种“分茶”游戏。所谓“分茶”，又称“茶戏”或“汤戏”“水丹青”等。在煮茶时，等到茶汤上浮细沫如乳，就用箸或匙搅动，使茶汤波纹变幻出各种各样的形状。传说当时有个福全和尚，就有这种通神之艺，他在煮茶时，于汤面上幻出丰富多变的物象，成一句诗，并点四盏，就是一首绝句了。荣西回国时，将中国茶籽带回日本，首先在筑前（今日本福冈县）的背振山上进行试种，发现那里非常适合茶树生长，所制的岩上茶闻名日本。1207年（南宋开禧三年，日本建永二年），栂尾的明惠上人高辨来向荣西问禅。荣西请他喝茶，并告之饮茶有遣困、消食、快心、提神、舒气之功，还赠给他茶种。高辨于是就在栂尾山种植茶树，出产珍贵的本茶，栂尾成为日本著名的产茶地，而后世有名的产茶地如宇治等地的茶种大多是从栂尾移植过去的。

1187年（南宋淳熙十四年，日本文治三年），荣西再度入宋，时年四十六岁。荣西希望经由中国转赴印度，他于4月由日本渡海出发，到达临安（杭州），参见知府安抚侍郎，表奏拟赴印度之意，然知府以“关塞不通”回绝，故荣西转往赤城天台山，依止临济宗黄龙派第八代嫡孙怀敞禅师学禅。不久，

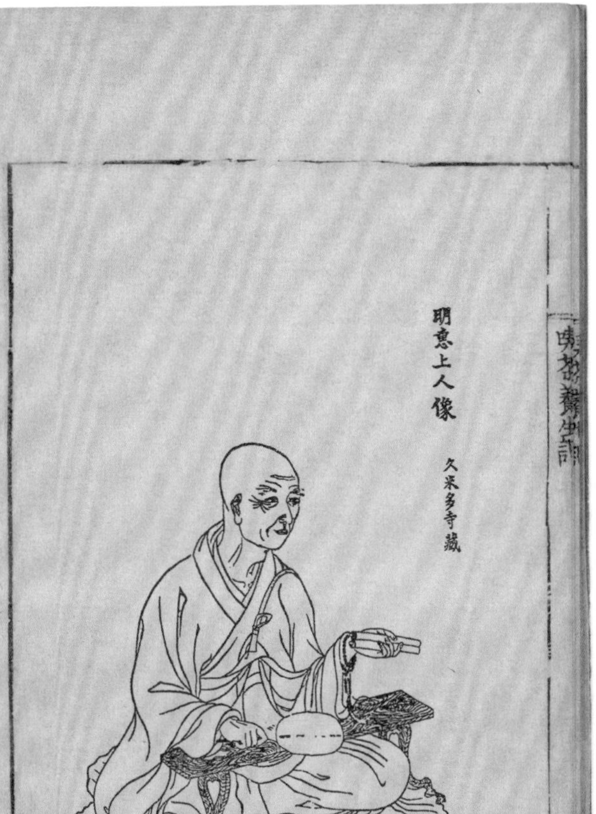

明惠上人高辨

选自日本《集古十种》。高辨，号明惠上人，荣西之弟子。出生于纪州，平安时代末期武士之家。

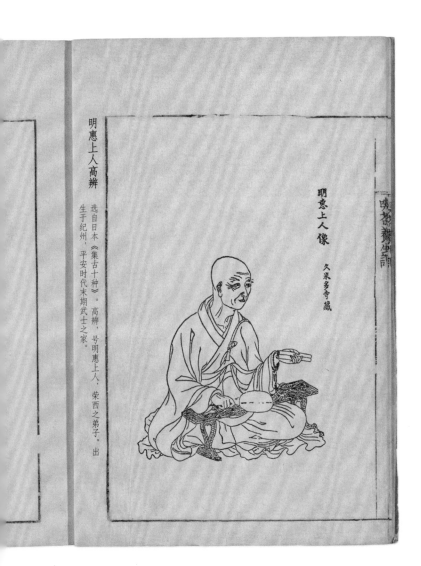

虚庵怀敞住持天童，荣西跟随到天童寺，侍奉左右，承其法脉。虚庵被他二度入宋求法的虔诚所感动，曾有诗偈相赠：“海外精兰特特来，青山迎我笑颜开。三生未丰梅花骨，石上寻思扫绿苔。”荣西跟随虚庵禅师学佛五年，最后终得虚庵禅师的认可，继承临济正宗的禅法。

荣西归返日本后，当时户部侍郎清贯正在建造寺院，延请荣西驻锡教化，并颁行禅规。第二年，荣西于筑前建造报恩寺，行菩萨大戒布萨，为日本最早的禅戒布萨。续后三年间，荣西以肥前、筑前、筑后、萨摩、长门及九州为中心，展开布教活动，全力倡扬禅法，亦开创寺院、制订禅规、撰述经论等，渐受教界瞩目。1199年（南宋庆元五年，日本正治元年），荣西遂转赴镰仓晋谒幕府将军源实朝，得到信任。次年奉献土地建寺，即后来的寿福寺，为镰仓五山之一。由于得到幕府的支持，禅法在关东弘传开来。

1202年（南宋嘉泰二年，日本建仁二年），征夷大将军源赖家于京都创建仁寺，授命荣西为开山祖师。翌年六月，荣西设置台、密、禅三宗兼学的道场，创立真言院和止观院，融合此三宗而形成日本的临济宗，一时人才荟萃，声誉日隆，震动朝野，荣西禅师也因此被尊称为“日本临济宗的初祖”。受南宋茶风的熏陶，荣西在研究佛教经典之余，开始埋头于茶的研究，决心重振日本茶道。他翻阅了大量的茶书经典，寻访各地饮茶风俗，并结合佛学经典，将禅宗道义融入茶道。

1215年（南宋嘉定八年，日本建保二年），荣西完成《吃茶养生记》一书，并献上二月茶，治愈了幕府将军源实朝将军的热病，自此，日本茶风更为盛行。

当年夏天，荣西身体出现微疾，午后，安详迁化，世寿七十四岁。

荣西禅师赴宋集

选自《高祖承阳大师行实图会》。日本，宝山梵成编，松下尚悦绘。图中讲述的是荣西禅师两次赴宋，以及回日本传法的故事。事实上，在中国唐朝时（日本平安时期），日本弘法大师空海便将从中国带回来的茶献给当时的嵯峨天皇，但只在上层社会流行。荣西禅师是将茶普及日本的第一人。

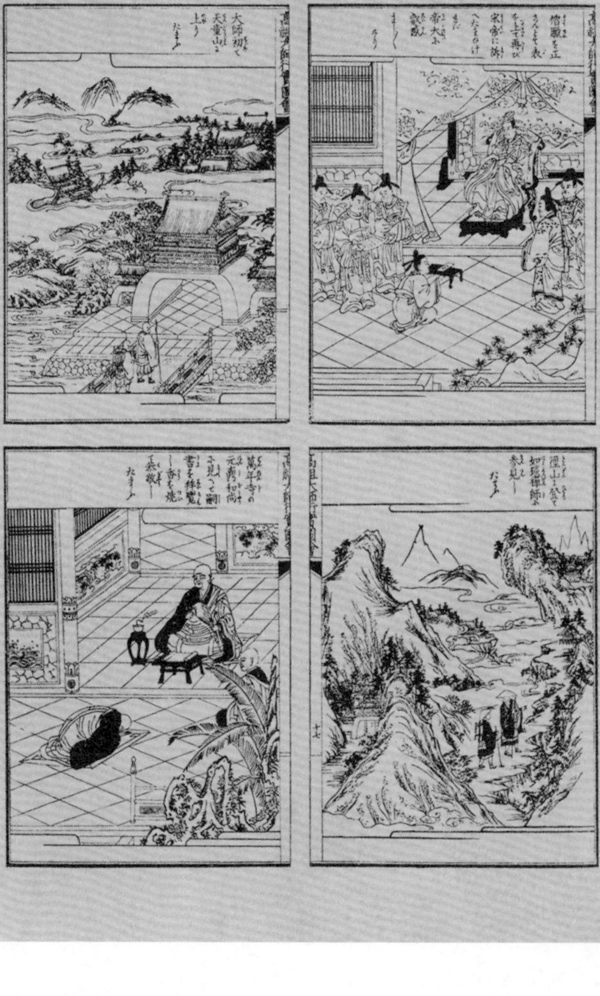
大師初て天童山に上りたまふ
萬年寺の元鼒和尚に見へて嗣書を拝覧し香を焼て恭敬したまふ
徑山に登て如琰禅師に参見したまふ

叡山の座主
公圓僧正
に就て
御剃髪

大師初て
建仁寺の
榮西禅師
に御相見

卷上

五脏和合门

这是上卷总题。

其后原有『第二，遣除鬼魅门』文字，是下卷总题，因此将它移至下卷之首。

【原文】

第一，五脏和合门者，《尊胜陀罗尼破地狱法秘钞》[1] 云：一、肝脏好酸味；二、肺脏好辛味；三、心脏好苦味；四、脾脏好甘味；五、肾脏好咸味。

又以五脏充五行（木火土金水也），又充五方（东南西北中也）：

肝，东也，春也，木也，青也，魂也，眼也。

肺，西也，秋也，金也，白也，魄也，鼻也。

心，南也，夏也，火也，赤也，神也，舌也。

脾，中也，四季末也，土也，黄也，志[2] 也，口也。

肾，北也，冬也，水也，黑也，相[3] 也，骨髓也，耳也。

此五脏受味不同，好味多入，则其脏强，克旁脏，互生病。其辛酸甘咸之四味恒有而食之，苦味恒无，故不食之。是故四脏【恒强，心脏】[4] 恒弱，故生病。若心脏病时，一切味皆违，食则吐之，动不食。今吃茶则心脏强，而无病也。可知心脏有病时，人之皮肉色恶，运命由此减也。

日本不食苦味，但大国[5] 独吃茶，故心脏无病，亦长命也。我国多有病瘦人，是不吃茶之所致也。若人心神不快之时，必可吃茶，调心脏，而除愈万病矣。心脏快之时而诸脏虽有病，不强痛也。

【注释】

[1] 《尊胜陀罗尼破地狱法秘钞》：查《大藏经》应是《三种悉地破地狱转业障出三界秘密陀罗尼法》（以下简称《陀罗尼法》）。

[2] 志："志"当为"意"。《素问·宣明五气篇·五脏所藏》："脾藏意。"《陀罗尼法》："脾主意。"

[3] 相："相"当为"志"。《素问·宣明五气篇·五脏所藏》："肾藏志。"《陀罗尼法》："肾主志。"

[4] 【恒强，心脏】此处四字竹苞楼藏本缺失，文意不通，依别本补足。

[5] 大国：指中国。

【译文】

第一，五脏和合门，《尊胜陀罗尼破地狱法秘钞》中说：一、肝脏喜好酸味；二、肺脏喜好辛辣味；三、心脏喜好苦味；四、脾脏喜好甘甜味；五、肾脏喜好咸味。

书中又用五脏配五行（木火土金水），又配五个方向（东南西北中）。具体如下所示：

肝，配东方、春天，五行中属木，五色中属青色，肝藏魂，五官属眼。

肺，配西方、秋天，五行中属金，五色中属白色，肺藏魄，五官属鼻。

心，配南方、夏天，五行中属火，五色中属红色，心藏神，五官属舌。

脾，配中央与四季之末，五行中属土，五色中属黄色，脾藏意，五官属口。

肾，配北方、冬天，五行中属水，五色中属黑色，肾藏志，主骨髓，五官属耳。

人体五脏平常所接受的味道不同，喜好的味道接受得多了，那个脏器就强壮，但同时又会影响、克制别的脏器，从而使得彼此都生病患。辛、酸、甘、咸四种味道是常见的味道，人们能经常吃到，苦味则不容易碰见，所以很难吃到。因此肺、肝、脾、肾四个脏器由于常常能接受喜好的味道而变得强壮，心脏由于没有苦味供给而变得衰弱，所以经常生病。如果心脏生病了，那所有的味道都会失调，进食就吐，动辄吃不下东西。而如今多吃茶，心脏就强壮，也就不生病了。我们还可看到，心脏有病时，人的皮肉颜色不好，寿命因此就缩短。

日本国不吃苦味，可是中国却吃茶，吃茶则心脏无病，还能延年益寿。我国生病瘦弱的人很多，这就是不吃茶造成的。如果人心神不快，那时一定要吃茶，以此调适心脏，解除万病。心脏愉悦了，其他各脏器即使有病，也不会痛得那么厉害。

【导读】

五脏配五行是中医最基本的理论，具体知识可参阅相关中医书籍。

荣西禅师认为人们平时因为很少吃到苦味，心脏得不到喜好之味的补给，从而五脏强弱失调，以致产生疾病。为此，必须通过饮茶来给心脏补给苦味，从而防止五脏强弱失调。心脏得到了加强，体内脏器平衡协调，不但可防止生病，还能延年益寿，减轻病痛。

黄帝

选自《帝王道统万年图》。明代，仇英绘。黄帝是华夏族部落联盟的首领，他与炎帝因统一了中华民族而被共同尊为中华民族的始祖。相传古代帝王尧、舜、禹及夏、商、周三代首领均为黄帝的后裔。他是少典之子，本姓公孙，因长居姬水，所以改姓姬，居轩辕之丘（今河南新郑西北），故号轩辕氏，建都于有熊（今河南新郑），亦称有熊氏，因有土德之瑞，故号黄帝。有嫘祖、嫫母等四位夫人。有后世学者认为黄帝时代是中国远古史上大洪水发生以前最强盛的时代。《黄帝内经》分《灵枢》《素问》两部分，为古代医家托轩辕黄帝名之作，是中国传统医学四大经典著作之一，是研究人的生理学、病理学、诊断学、治疗原则和药物学的医学巨著。

在《黄帝内经》中，运用五行相生相克的原理来说明五脏之间彼此相互依赖、相互制约，共同维持身体平衡的关系。荣西禅师引证的为密宗教典《尊胜陀罗尼破地狱法秘钞》中关于人的五脏（肝、肺、心、脾、肾）是生命之本的论点。人的五脏最重要的是心脏，心脏强时五脏调和，五脏调和能使人的生命处于最佳状态。荣西禅师在文中提到的“陀罗尼”是咒语（密咒）或真

陆羽烹茶图

元代，赵原绘。台北故宫博物院藏。图中阁内一人坐于榻上，应该是陆羽，一童子拥炉烹茶。陆羽，字鸿渐，复州竟陵（今湖北天门市）人，被誉为茶圣。《新唐书》和《唐才子传》记载，陆羽幼时因其相貌丑陋而成为弃儿，后被龙盖寺住持智积禅师在竟陵西门外、西湖之滨拾得，并收养。乾元元年（758），陆羽在升洲（今南京）钻研茶事。上元初年（760），至苕溪（今浙江湖州）隐居。其间，陆羽经常与当地名家皎然、朱放等人论茶。后来，陆羽著《茶经》，皎然著《茶诀》。唐代宗曾诏拜陆羽为太子文学，又徙太常寺太祝，但皆未就职。

言，意思是持明，包括禅修、念佛、持咒、行菩萨道。文中的“大国”指的是中国，荣西禅师指出日本人比中国人寿命短，主要原因在于不吃茶。

荣西禅师讲的是茶与养生，但因其为僧人，所以，他阐述养生理念时自然离不开宗教。在此，请允许我们展开话题，将中国的禅茶与日本茶道的发展过程简述一下。

在中国唐代，茶便与禅联系在一起。中国“茶圣”陆羽从小在寺院长大。僧人坐禅入定时，要求思想高度集中，静化、屏除一切杂念，聚思于悟道。饮茶则有助于营造这种氛围，达到高度入静状态，所以，当时长安各大寺庙饮茶之风大盛。唐代《封氏闻见记》载：

"学禅务于不寐，又不夕食，皆许其饮茶。人自怀伽，到处煮饮，从此转相仿效，遂成风俗。"唐代"诗僧"皎然与陆羽是至交，他爱茶、恋茶、崇茶，平生与茶结伴，一生作有许多茶诗。皎然最先提出品茶与悟道相结合的茶道，慢慢被大众所接受，诸多以茶喻道的禅宗公案开始流行于世。其

写经换茶图卷

明代，仇英绘。美国克利夫兰美术馆藏。

中以唐代居士庞蕴与马祖道一禅师的论道典故最为著名。庞蕴是一位热衷禅道的居士，曾专程去向当时最有名的高僧道一禅师请教。在道一的禅室，庞蕴先谈起他之前向另一位叫石头的禅师问禅的经历，说他以"不与万事万物为伴侣的是什么人"向石头讨教，石头禅师听到问话后不做回答，竟然伸手遮掩他的嘴巴。庞蕴说："我有些不解，想跟道一禅师请教，不知石头禅师究竟是什么意思。"道一听了面无表情，端起茶盏轻轻啜上一口，同样不予回答。庞蕴停了一停，又问："那么，不与万事万物为伴侣的是什么人？"

道一端起茶盏，轻轻品饮一口，缓缓说道："等你一口吸尽西江水，就对你说。"庞蕴沉思片刻，笑了，说道："原来如此，我终于明白了。"

五代的吴僧文，精于煮水烹茶之道，被后人授予"汤神"称号。著名的还有赵州和尚，他有一个"吃茶去"的典故。据《五灯会元》记载，一天，赵州观音寺内来了两位僧人，赵州和尚问其中一僧道：你以前到禅院来过吗？"僧答："没有。"赵州吩咐："吃茶去。"接着又问另一僧："你以前来过吗？"僧答："来过。"赵州又说："吃茶去。"院主不解地问："师长，为什么到过也说'吃茶去'，不曾到过也说'吃茶去'？"赵州没有直接回答，只是高喊了一声："院主！"院主马上应诺道："在！"赵州和尚接着说："吃茶去！"

唐宋时，寺院中有专人从事烧水煮茶，献茶款客者称为"茶头"；寺院中还专门设立了"施茶僧"，专为游人惠施茶水。寺院中的茶分为："奠茶"，供奉佛祖所用的茶；"戒腊茶"，按照受戒年限先后吸饮的茶；"普茶"，全寺僧人共同品饮的茶；"茶汤会"，专以茶汤开筵的茶。禅门喝茶时，还写有"茶 "，也就是寺院为举办茶会而发布的告示。荣西禅师在南宋学习了中国寺院如何行茶、普茶的规则，引回日本，形成了日本寺庙的饮茶规范。

在荣西的基础上，村田珠光首创了"四铺半草庵茶"，被称为日本"和美茶"(即佗茶)之祖。所谓"佗"，是茶道的专用术语，意为追求美好的理想境界。村田珠光曾追随一休禅师参禅，一休问他："要以怎样的规矩吃茶呢？"珠光回答："学习第一位把禅引进日本的荣西禅师的《吃

马祖道一禅师

选自《古佛画谱》。马祖道一禅师门下极盛，有『八十八位善知识』之称，法嗣一百三十九人，以百丈怀海、西堂智藏、南泉普愿最为闻名，号称洪州门下三大士。其中百丈怀海门下开衍出临济宗、沩仰宗二宗。马道经常以茶传法以助人禅悟，后世多有传颂。

赵州禅师

选自《古佛画谱》。法号从谂，禅宗六祖惠能大师之后的第四代传人。在赵州受信众敦请驻锡观音院，弘法传禅达四十年，僧俗共仰，为丛林模范，人称『赵州古佛』。

茶记》，为健康而吃茶。”一休禅师看到村田珠光言不达意，便给他讲了中国禅宗著名的“赵州吃茶去”的公案，然后问村田珠光：“对于赵州‘吃茶去’的回答，你有何看法？”珠光默默地捧起自己心爱的茶碗，正准备喝，一休禅师突然发怒，举起铁如意棒，大喝一声，将珠光手中的茶碗打碎。珠光看着碎了的茶碗发呆，突然站起身，向一休行礼离座。当要走出门时，一休叫了声：“珠光！”珠光转过身来向一休行礼答：“是！”一休追问：“刚才我问你吃茶的规矩，但如果抛开规矩无心地吃时将如何？”珠光安静地回答：“柳绿花红。”一休哈哈大笑说：“这个迟钝汉悟了！”

日本濑户天目茶碗

江户时代制作。纽约大都会艺术博物馆藏。

珠光认为茶道的根本在于清心，清心是“禅道”的中心。他将茶道从单纯的“享受”转化为“节欲”，体现了修身养性的禅道核心。其后，日本茶道经武野绍鸥的进一步推进而达到“茶中有禅”“茶禅一体”之意境。而绍鸥的高足、享有茶道天才之称的千利休，又于十六世纪时将以禅道为中心的“和美茶”发展形成贯彻“平等互惠”的利休茶道，成为平民化的新茶道，在此基础上归结出以“和、敬、清、寂”为宗旨的日本茶道（“和”以行之；“敬”以为质；“清”以居之；“寂”以养志）。至此，日本茶道初步形成。

日本茶汤六宗匠

选自《茶之汤六宗匠传记》。日本，远藤元闲编。图中的人物为日本茶道的创始人。荣西禅师将宋茶带回日本，推广至平民后，逐渐形成了日本茶道。村田珠光首创茶道概念，开创了独特的尊崇自然、尊崇朴素的草庵茶风。武野绍鸥对村田珠光的茶道进行了很大的补充和完善，还把和歌理论输入了茶道，将日本文化中独特的素淡、典雅的风格再现于茶道，使『禅茶一味』这个词开始流行。至日本战国时代千利休时，使茶道的精神世界最大限度地摆脱了物质因素的束缚，使得茶道更易于为一般大众所接受，从此结束了日本中世茶道界百家争鸣的局面。千利休是武野绍鸥的弟子，著名的茶道宗师。1585 年，天皇赐给『利休』之法名，在此之前，他对外一直用千宗易的本名。1587 年起他主办丰臣秀吉发起的北野大茶汤，成为天下第一的茶匠。后得罪丰臣秀吉，切腹自尽。千利休死后，其弟子古田织部继承了他的茶道地位，集千利休茶道之大成，在茶器制作、建筑、造园方面风格大胆且自由，带动了安土桃山时代的流行文化『织部风』。古田织部的茶道弟子有小堀政一等人。1615 年，受自己家茶头牵涉，被怀疑与丰臣家内通，6 月 11 日被下令切腹，织部对此毫不解释而自杀，享年七十二岁。继织部之后的大茶人是小堀政一，是备中松山藩二代藩主、后近江小室藩初代藩主。政一的茶汤作为远州流（小堀远州流）传承至今。举办约四百次茶会，招待的客人据说超过两千人。门下有松花堂昭乘、泽庵宗彭等人。

古田織部重能之像

千利休宗易之像

珠光の像

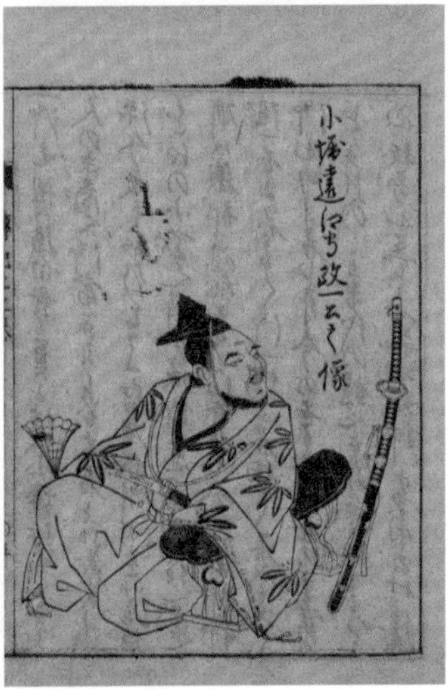
小堀遠江守政一之像

万安寺茶牓

拓本。溥光撰并书。茶牓，原为寺院举办茶会时发布的告示，基本内容为：『某人因某事于某时某地举办茶会，邀请×××参加』。至宋元时期，茶牓由枯燥的公文体发展为具有艺术美的骈体文、诗词等。宋元时期，茶牓仅限于方丈、监院、首座使用，一般在四时节庆、人事更迭、迎来送往等重大的礼节性茶会时张贴，对内容、材质、字体、行格、书写者等方面都有相应的要求。此为戒坛寺石刻，万安寺茶牓。妙应寺俗称白塔寺，始建于元朝，初名大圣寿万安寺。位于中国北京市西城区，是一座藏传佛教格鲁派寺院。

都總統三學壇主佛覺普安慧

湛弘教大宗師揀公茶牓昭文

館大學士中奉大夫特賜圓

通玄悟大禪師雪菴頭陀溥光

撰并書竊以隨緣應物無非回

向菩提指事傳心總是行深般

若欲破
人間之
大夢須
憑劫外

之先春
伏惟
佛覺普
安慧湛

弘教大
宗師寶
集正宗
轉輪真

子學冠
於竺乾
華夏顯
密圓通

神遊於
教海義
天理事
無礙笑

辟支獨
醒於一
己擬菩
薩普濟

於群生
借水澄
心即茶
演法滌

隨眠於
九結破
昏滯於
十纏於

是待蟄
雷於鹿
野苑中
聲消北

苑採靈
芽於鷲
山頂上
氣靡蒙

山依馬
鳴龍樹
製造之
方得法

藏清涼
烹煎之
旨熺之
以三昧

火輾之
以無礙
輪煮之
以方便

鐺貯之
以甘露
盌玉屑
飛時香

遍閻浮
國土白
雲生霧
光搖

紫極樓
臺非關
陸羽之
家風壓

倒趙州
之手段
以致
三朝共

啜百辟
爭嘗使
業障惑
障煩惱

障即日
消除資
戒心定
心智慧

心一時
灑落今
者法筵
大啟海

衆齊臻
法是茶
茶是灋
盡十方

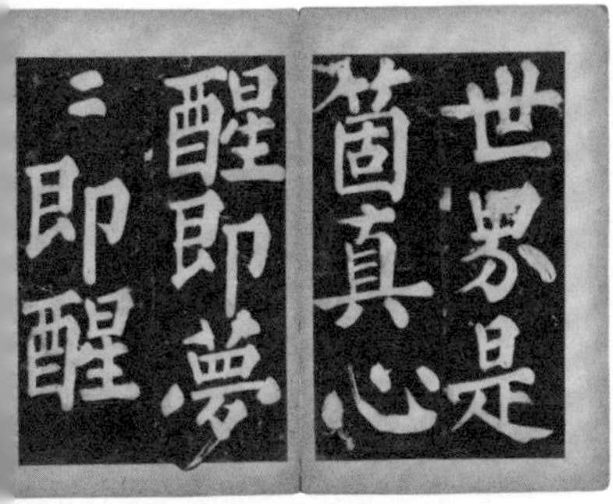
世界是
箇真心
醒即夢
〻即醒

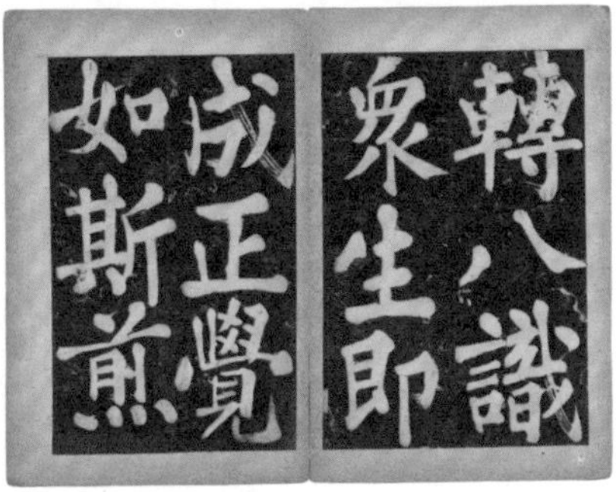
轉八識
衆生即
成正覺
如斯煎

點利樂
何窮更
欲稱揚
聽末後

句龍團施滿塵沙劫永祝

龍圖億萬春至大二年正月

十五日門資上座德嚴刻石于

嵩山戒壇寺

用秘密真言治病

又《五脏曼荼罗仪轨钞》云：以秘密真言治之。

查《大藏经》无《五脏曼荼罗仪轨钞》，《佛顶尊胜心破地狱转业障出三界秘密三身佛果三种悉地真言仪轨》无这段内容。本段文字主要来自《陀罗尼法》。

【原文】

肝，东方阿閦佛也，药师佛也，金刚部也，即结独钴印，诵真言，加持肝脏，永无病也。

心，南方宝生佛也，虚空藏也，即宝部也，即结宝形印，诵真言，加持心脏，则无病也。

肺，西方无量寿佛也，观音也，即莲花部也，结八叶印，诵真言，加持肺脏，则无病也。

肾，北方释迦牟尼佛也，弥勒也，即羯磨部也，结羯磨印，诵真言，加持肾脏，则无病也。

脾，中央大日如来也，般若菩萨也，佛部也，结五钴印，诵真言，加持脾脏，则无病也。

此五部加持，则内之治方也，五味养生，则外疗治也。内外相资，保身命也。

【译文】

此外，《五脏曼荼罗仪轨钞》说：用秘密真言治病。

肝，是东方阿閦佛，又是药师佛，在金刚部，结“独钴”手印，念诵“”真言，加持肝脏，永远无病。

心，是南方宝生佛，又是虚空藏，在宝部，结“宝形”手印，念诵“”真言，加持心脏，就没病了。

肺，是西方无量佛，又是观音，在莲花部，结“八叶”手印，念诵“”真言，加持肺脏，就没病了。

肾，是北方释迦牟尼佛，又是弥勒，在羯磨部，结“羯磨”手印，念诵“”真言，加持肾脏，就没病了。

脾，是中央大日如来，又是般若菩萨，在佛部，结“五钴”手印，念诵“”真言，加持脾脏，就没病了。

这五部的加持，是所谓内治的方法；而以五味养生，则可以治疗外病。内外相互帮助，能够保护身体与生命。

【导读】

阿弥陀如来

日本镰仓时代。木漆和切金。
尺寸：87.9×73 cm。

在文中，荣西禅师将西方五佛与人体五脏相对应，并指出了具体的养生方法。荣西初次归国，至第二次入宋，期间约有二十年，他一方面致力于禅与密法的研究和实践；另一方面暂居九州，作再度入宋的准备。这段期间，他曾巡锡备前、备中两国弘法布教，传授灌顶法会，并埋首撰著密教典籍，如《出缠大纲》《胎口诀》《誓愿寺缘起》《教时义勘文》《盂兰盆一品经缘起》等。荣西虽兼修显密二教，然尤其专力于密教，曾随穴太流派的基好法师受两部灌顶，又从川流派的显意法师禀受离作业灌顶，一身承继两流。由于荣西挂锡于叡山东塔东谷佛顶尾观泉房及叶上房，故称为“叶上流”，属台密山寺六流派之一，又称为“建仁寺流”，后来所谓的叶上派即以荣西为祖师。因为荣西与密教的关系深厚，所以后世学人认为《吃茶记》中尝试的养生法的构成，极有可能是来自密教的学说。

胎藏界曼荼罗

敦煌纸本。胎藏界曼荼罗具足名称为『大悲胎藏界曼荼罗』，根据密宗根本经典之一的《大日经》所绘的。《大日经》的中心教义，就是『菩提心为因，大悲为根本，方便为究竟』三句。因此胎藏界曼荼罗的组织也就是标志这三句的意旨，而绘出三重现图的曼荼罗。

五味

【原文】

其五味者：酸味，柑子、橘、柚等也。

辛味，姜、胡椒、高良姜[1]等也。

甘味，砂糖等也，又一切食以甘为性。

苦味，茶、青木香[2]等也。

咸味，盐等也。

心脏是五脏之君子也，茶是苦味之上首也，苦味是诸味之上首也，因是心脏爱此味矣。心脏兴，则安诸脏也。若人眼有病，可知肝脏损也，以酸性药治之；若耳有病，可知肾脏损也，以咸药治之；鼻有病，可知肺脏损也，以辛性药治之；舌有病，可知心脏损也，以苦性之药治之；口有病，可知脾脏之损也，以甘性药治之。若身弱意消者，可知亦心脏之损也，频吃茶，则气力强盛也。其茶功能并采调时节，载左[3]有六条矣。

【注释】

[1] 高良姜：姜科植物，主产两广云贵等地，据《本草纲目》载，其根味辛。著名汉药清凉油、万金油的主要原料就是高良姜素。

[2] 青木香：马兜铃科植物，主产于江苏、浙江、安徽等地，据《本草纲目》载，其根味辛、苦。

[3] 载左：古籍自右向左竖排，左边是下文。

【译文】

所说的五种味道分别如下：

酸味，如柑子、橘子、柚子等等的味。

辣味，如生姜、胡椒、高良姜等等的味。

甜味，如砂糖等等的味。一切食物都含甜性。

苦味，如茶、青木香等等的味。

咸味，如盐等等的味。

心脏是五脏的君主，茶是苦味中最高等级的食物，而苦味是各种味道中最高级的味道，所以心脏喜好茶叶的苦味。心脏强健，其他脏器才能协调。假如人眼有病，可知是肝脏受到了损害，则用酸性的药来治疗；耳朵有病，可知是肾脏受到了损害，则用咸性的药来治疗；鼻子有病，可知是肺脏受到了损害，则用辛辣的药来治疗；舌头有病，可知是心脏受到了损害，则用苦性的药来治疗；口嘴有病，可知是脾脏受到了损害，则用甜性的药来治疗。如果身体虚弱意志消沉，可知也是心脏受到了损害，经常吃茶，就会使气力强盛。茶的功能以及采摘调和时节，分别记载于下，共有六条。

【导读】

五脏与五味的联系，也是古人“天人合一”思想的一种具体表现。人身为一小宇宙，古人认为宇宙天体及地球万物都与人体相对应，存在一种互动的关系，当人体在某些方面有不足的时候，可以从自然界中吸取这种物质能量，以达到平衡。

荣西禅师提到了茶的味道，从古籍中看，关于茶的味道的记载，大都说是苦涩的。《诗经》记载："谁谓荼苦？其甘如荠。"这是苦尽甘来的意思。东晋初年的王濛，长得漂亮，擅长书画艺术，而且嗜茶成癖，是一位真正的雅士。由于自认为茶是天下最美的饮品，王濛便经常请人喝茶，且必须喝尽。东晋的大臣中有不少是从北方南迁的士族，根本不懂茶中滋味，只觉得茶的苦涩实在难以忍受，可碍于情面又不得不喝，到王濛家喝茶一时成了痛苦的代名词。有一天，又有一个北方官员要到王濛家中办事，临出门时与朋友谈及王濛待客的风格，不由感叹道："今天又有水厄了。""水厄"一词由此而生。《宋录》记载，有一次新安王刘子鸾与豫章王刘子尚一同拜访八公山上的昙济，昙济以山上的茗茶待客，两位王子饮后赞不绝口，连连说道："这哪里是茶呀，明明是甘露啊！"于是"水厄"一词又一变而为仙液。

荣西禅师是从养生的角度来阐述茶苦对身体的好处。荣西禅师说："舌头有病，可知是心脏受到了损害，则用苦性的药来治疗。"多喝茶，就可以治病。在科技发达的今天，已经证明苦味食物中所含的生物碱具有清热、促进血液循环、舒张血管等作用。吃些苦味食物，或饮用一些啤酒、咖啡等苦味饮料，不但能提神醒脑，还可以增进食欲、健脾利胃。

宋代茶盏

茶盏历代有各种不同的称谓。唐代称为『茶碗（盌）』『茶瓯』。『茶盏（琖）』是宋代的称呼。『茶杯』这个称呼，进入明清之后的叫法，延续至今。宋代茶盏讲究『收敛、节制』，造型秀丽，挺拔，盏壁斜伸，碗底窄小，轻盈而优雅，很大一部分是迎合当时品茶方式由『煎饮』到『点饮』的转变。点茶是在茶盏内最后完成的，需要用筅击拂茶汤，在盏面形成乳花，茶盏对茶颜色的垫托非常重要。当时有八大民窑，区分以长江为界。北方四个：磁州窑、耀州窑、钧窑、定窑。南方是饶州窑、龙泉窑、建窑、吉州窑。其中磁州窑在今天的河北省磁县，而历史上把北方所有烧造民间用瓷的窑口统称其为磁州窑。饶州窑即现在的景德镇窑。建窑原在福建建安（今建瓯），后迁建阳。所烧黑釉瓷器，釉面多条状结晶纹，细如兔毛，称兔毫盏，当时被誉为上品。荣西禅师是宋代时将茶引入日本，所以，特意从纽约大都会艺术博物馆藏挑选出宋代不同时期、不同窑口、不同釉色的茶盏图供大家欣赏。希望大家在欣赏其新颖别致的造型、赞叹其风格的清新高雅之余，可以从中领略出宋代茶盏所具有的美学内涵！

建窑兔毫茶盏

6.4×11.7 cm

吉州窑梅花斗笠盏茶盏
6.4×11.7 cm

吉州窑月影梅花纹茶盏
直径12.1 cm

建窑曜变茶盏
5.1×13.3 cm

吉州窑褐釉剪纸贴茶盏
6.7×12.7 cm

吉州窑黑釉木叶纹茶盏
5.4×14.3 cm

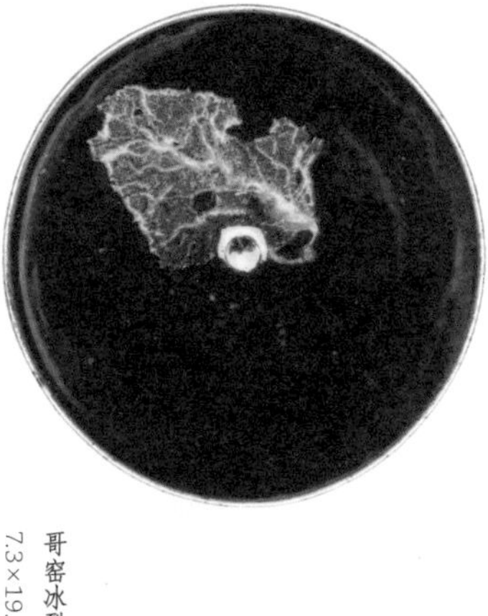

吉州窑玳瑁釉茶盏
5.1×14.9 cm

哥窑冰裂开片釉茶盏
7.3×19.1 cm

婺州窑黑釉茶盏
4.1×11.4 cm

耀州窑刻花茶盏
7×19.1 cm

耀州窑青釉刻花婴戏茶盏
5.7×13 cm

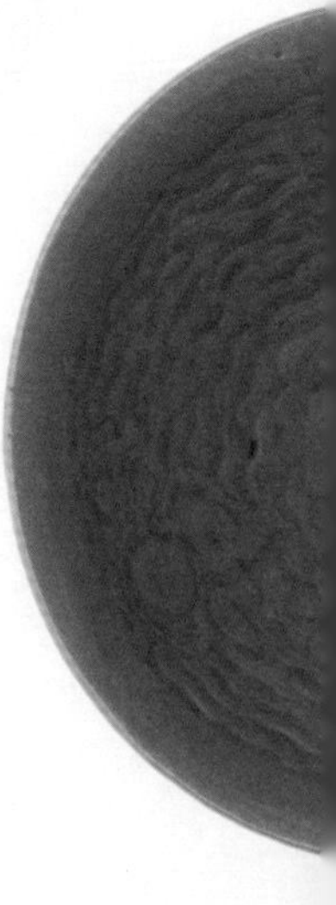

建窑油滴黑釉瓷茶盏
7.6×19.7 cm

定窑白釉斗笠茶盏
9.5×22.2 cm

金朝钧窑茶盏
9.8×22.2 cm

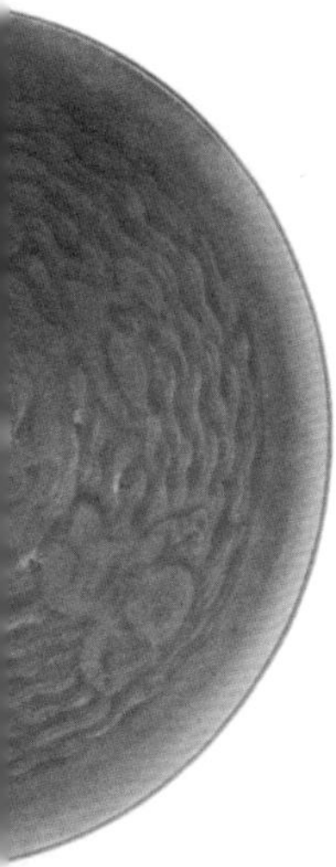

耀州窑印花纹茶盏模
直径14 cm

茶的名字

【原文】

一、明茶名字。

《尔雅》[1] 曰：檟，苦荼，一名荈，一名茗，早采者云荼，晚采者云茗也，西蜀人名苦荼（西蜀，国名也）。又云：成都府，唐都之西五千里外，诸物美也，茶亦美也。[2]

《广州记》[3] 曰：皋卢（茶也），一名茗。广州，宋朝之南，在五千里外，即与昆仑国[4] 相近。昆仑国亦与天竺相邻，即天竺贵物传于广州，依土宜美，茶亦美也。此州温暖，无复雪霜，冬不著绵衣，茶美，名云皋卢也。此州瘴热之地也，北方人到，十之九死。万物味美，故人多侵。然食前多吃槟榔子，食后多吃茶。客人强令多吃，为不令身心损坏也，仍槟榔子与茶，极贵重矣。

《南越志》[5] 曰：过罗，茶也，一名茗。

陆羽《茶经》曰：茶有五种名，一名茶、二名檟、三名蔎、四名茗、五名荈，加茆[6] 为六。

魏王《花木志》曰：茗。[7]

【注释】

[1] 《尔雅》：中国最早的一部解释词义的专著。《尔雅·释木第十四》："槚，苦荼。"郭璞注："树小似栀子，冬生，叶可煮作羹饮，今呼早采者为荼，晚取者为茗，一名荈，蜀人名之苦荼。"荣西此处是将《尔雅》原文和郭璞注释合而为一，又将荼字改为茶字。

[2] 茶亦美也：此句不是引自《尔雅》，而是荣西的注语。唐都：指南宋都城临安，今杭州。

[3] 《广州记》：晋代裴渊（或顾微）撰，原书早佚。荣西应是转引自《太平御览》卷867《饮食部》："《广州记》曰，酉平县出皋卢，茗之别名，叶大而涩，南人以为饮。"皋卢：木名，叶状如茶而大，味苦涩，可代饮料。

[4] 昆仑国：南海诸国的总称，又作掘伦国、骨伦国，原指位于中南半岛东南之岛国。至隋唐时代广指婆罗洲、爪哇、苏门答腊附近诸岛，乃至包括缅甸、马来半岛。

[5] 《南越志》：南朝宋沈怀远撰，原本已佚。《太平御览》卷867《饮食部》："《南越志》曰，茗苦涩，亦名之过罗。"

[6] 陆羽《茶经》：陆羽（733~804），字鸿渐，唐朝复州竟陵（今湖北天门市）人，号竟陵子，又号"茶山御史"，一生嗜茶，精于茶道，因著世界第一部茶叶专著——《茶经》而闻名于世，被誉为"茶仙"，尊为"茶圣"，祀为"茶神"。本句《茶经》原文是："其名，一曰茶，二曰槚，三曰蔎，四曰茗，五曰荈。"

[7] 魏王《花木志》：作者不详，原书早佚。《太平御览》卷867《饮食部》："魏王《花木志》曰，叶似栀子，可煮为饮，其老叶谓之荈，□（原著此处文字应为缺失）谓之茗。"

【译文】

一、了解茶的名字

《尔雅》中记载：槚，苦荼，一名 ，一名茗，早采的叫作云茶，晚采的叫作云茗，西蜀人叫作苦茶（西蜀，国名）。成都府，在南宋都城临安（今杭州）之西五千里外，各种物产很好，茶也好。

《广州记》中记载：皋卢（茶），又叫作茗。广州在宋朝的南方五千里外，与昆仑国（南海诸国）相近。昆仑国也与印度相邻，这样印度的珍贵物产就传到广州，广州土壤适宜，因而茶也好。广州气候温暖，没有霜雪，冬天不用穿棉衣，茶好，叫作皋卢。广州是瘴热的地方，北方人来到这里，十分之九会有生命危险。但这里万物味道美好，故而很多人喜好来这里。人们在吃饭前吃很多槟榔子，饭后大量饮茶。客人来了，就反复规劝他多吃，是为了不让客人身心受到损害。槟榔子和茶，是极为贵重的。

沈怀远《南越志》载：过罗，是茶的名字，也叫作茗。

陆羽在《茶经》中说：茶有五种名称，第一叫作茶，第二叫作槚，第三叫作蔎，第四叫作茗，第五叫作荈。加上"茆"就有六种名称。

魏王《花木志》载：叶如同栀子叶，可以煮着饮用，老叶称作荈，嫩叶则叫作茗。

【导读】

荣西禅师在讲述了医学佛学的基本理论之后，开始转入正题，首先就是辨明茶的名称问题。茶在中国古代有很多种称谓，但"茶"字是用得最多的名字。"茶"字在唐之前一般都写作"荼"字。"荼"字的字义很多，表示茶叶只是其中一项。直到陆羽写出《茶经》后，"茶"的字形才进一步得到确立，一直沿用到现在。我们讲一个关于茶名的小故事，这个故事发生在中国南北朝时期，主人公是曾在南齐为官，后投奔北魏的南方名士王肃。

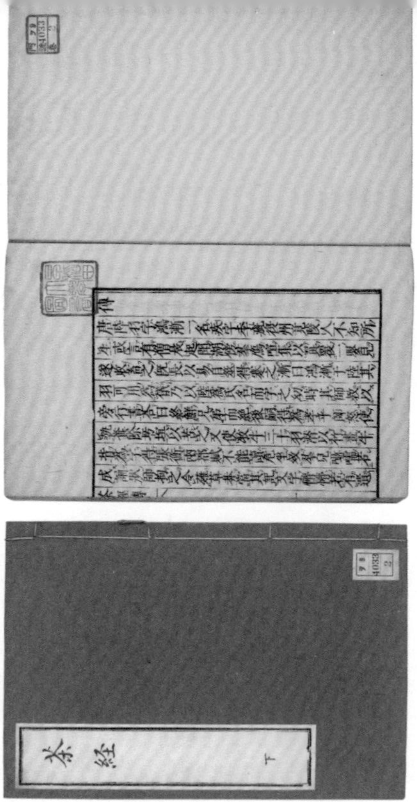

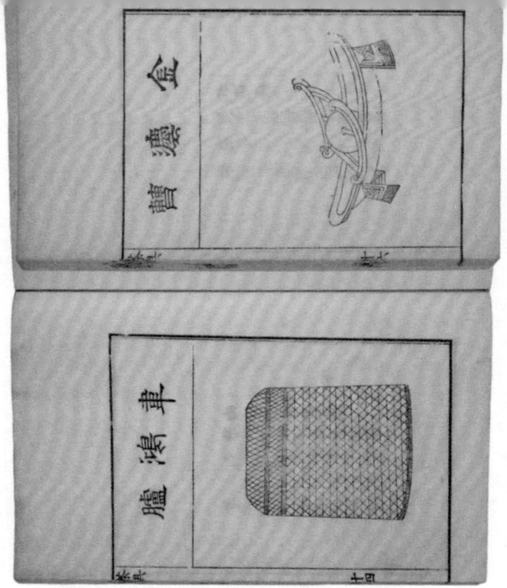

《茶经》

唐代，陆羽著。世界上第一部有关茶的专著。书中的插图是后人所绘，分别是：韦鸿胪（茶笼）、木待制（木椎）、金法曹（茶碾）、石转运（茶磨）、胡员外（茶杓）、罗枢密（茶罗）、宗从事（茶帚）、漆雕秘阁（茶托）、陶寳文（茶盏）、汤提点（汤瓶）、竺副帅（茶筅）和司軄方（茶巾），等等。

王肃初入北魏，爱喝茶，对当地人习惯的羊肉及奶酪不太喜欢。由于喝茶太多，每次喝时都能喝一斗，北魏京城的士大夫们便戏谑地为其取名“漏卮”，说他的嘴像是一只灌不满的杯子。在北魏生活了几年之后，王肃的饮食习惯慢慢发生了变化，开始和其他人一样大块吃着羊肉，大口喝着奶酪粥，让孝文帝感到非常奇怪，便问道：“卿为华夏口味，以卿之见，羊肉与鱼羹，茗饮与酪浆，何者为上？”王肃回答说：“羊是陆产之最，鱼为水族之长，都是珍品。如果以味而论，羊好比齐、鲁大邦，鱼则是邾、莒小国。茗最不行，只配给酪作奴。”此后，作为茶的一个别称，“酪奴”一词频频在各类咏茶的诗词中出现。

当然，出于对茶的热爱，各代茶人对茶有多种爱称，比如陆羽《茶经》中将茶称为“嘉木”“甘露”；杜牧《茶山》诗赞誉茶为“瑞草魁”；

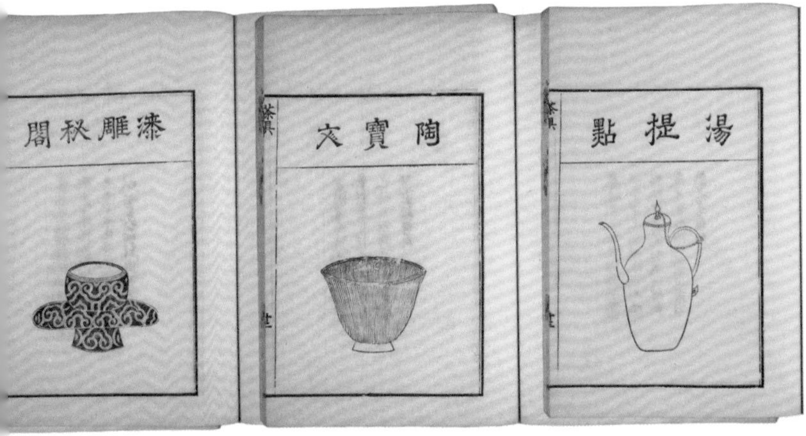

沉思的佛陀

北魏。52.1×32.4 cm。纽约大都会艺术博物馆藏。

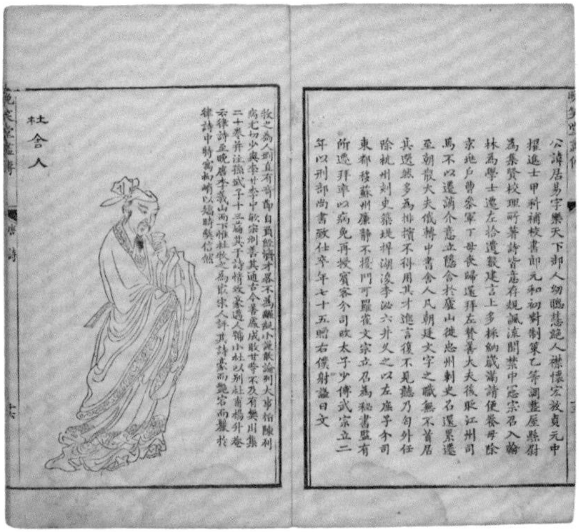

杜舍人

选自《晚笑堂竹庄画传》。杜舍人便是杜牧。杜牧曾做诗《茶山》。此山在湖州长城县（今浙江长兴县）顾渚山。地处太湖西岸，盛产紫笋茶。据《吴兴县志》记载：唐代在此地设有贡茶院，专司造贡茶。此诗是杜牧在湖州任刺史时所作，按唐制每岁春三月采制第一批春茶时，湖、常二州刺史都要奉诏赴茶山督办修贡事宜。

施肩吾在诗中称呼茶为“涤烦子”；五代郑遨《茶诗》中赞称茶为“草中英”；北宋陶谷著的《清异录》一书，对茶有“苦口师”“水豹囊”“森伯”“清人树”“不夜侯”“余甘氏”“冷面草”等多种称谓；苏轼为茶取名“叶嘉”，并著《叶嘉传》；苏易简《文房四谱》称呼茶为“清友”；杨伯岩《臆乘·茶名》喻称茶为“酪苍头”；元代杨维桢《煮茶梦记》称茶为“凌霄芽”；唐宋时的团饼茶被喻称为“月团”“金饼”；清代阮福《普洱茶记》中记载有“女儿茶”等。日本人现在饮的茶，主要以煎茶为主。

东坡提梁壶

茶语轩李建泉收藏。苏东坡精于品茶和烹茶，制作过样式精美且非常实用的提梁壶，同时对茶史也有很深的研究。据说有一次，司马光举行茶宴，特意约了十几位名士斗茶取乐。苏东坡那天带的是白茶，与主人司马光的茶品相同，都是茶中的上品。按照斗茶的规矩，要先看茶样，再闻茶香，后尝茶味。由于苏东坡专门带了最适宜泡茶的洁净雪水，因而茶味芬芳郁冽，风头盖过了主人。司马光甚是不服，便又想出一个难题。茶宴之间，司马光忽然问苏东坡：『茶越白越好，墨越黑越好；茶越重越好，墨越轻越好；茶越新越好，墨越陈越好。你怎么会同时爱上这两样东西呢？』苏东坡稍做沉吟，便以『奇茶妙墨俱香』做出了回答。意思是说，茶与墨虽然不同，但只要是各自品种中最出色的，就都能得到人们的认可。

日本茶具

日本对茶的称呼有汤茶、玉露、番茶、抹茶、煎茶等。日本茶道是为客人奉茶之事，源自中国。日本茶道相信喝茶是一件朴素的事情，茶具有炉（位于地板里的火炉）、柄杓（竹制的水杓，用来取出釜中的热水）、盖置（用来放置釜盖或柄杓的器具）、水罐（备用水的储水器皿）、水盂（废水的储水器皿），还有各种茶罐（薄茶用的叫枣，浓茶用的叫茶入，还有用来包覆茶入仕覆，从茶罐取茶的茶杓），当然，更有很美丽的茶盏。我们从纽约大都会艺术博物馆特选了一组日本茶具图，以便从上面宋代茶盏做个对比。

濑户黑茶壶
日本桃山时期
直径9.3 cm

茶杯
日本江户时代
直径7.6 cm

兔毫茶盏
日本室町时代
7.3×12.4 cm

银杏叶茶碗
日本江户时代
直径4.4 cm

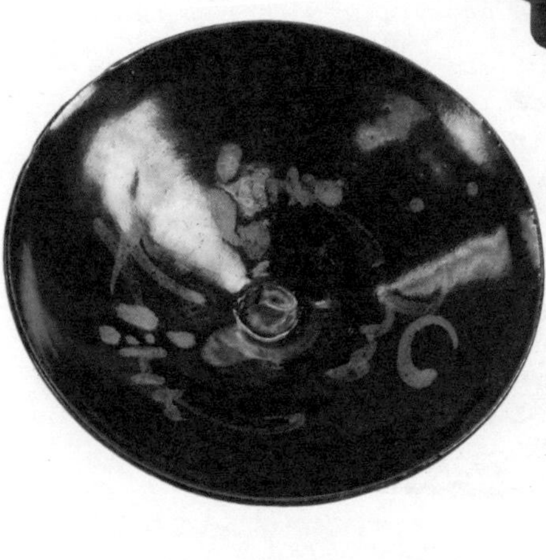

茶盏
日本江户时代
3.8×14 cm

凤凰金莳绘茶枣

日本江户时代

6×5.7cm

枣是日本薄茶用的茶罐，上宽下窄形似『枣』。

志野桥文茶碗桥

日本桃山时期

10.5×14 cm

传说桥姬是宇治桥畔守桥女子，此茶器因她的故事而得名。

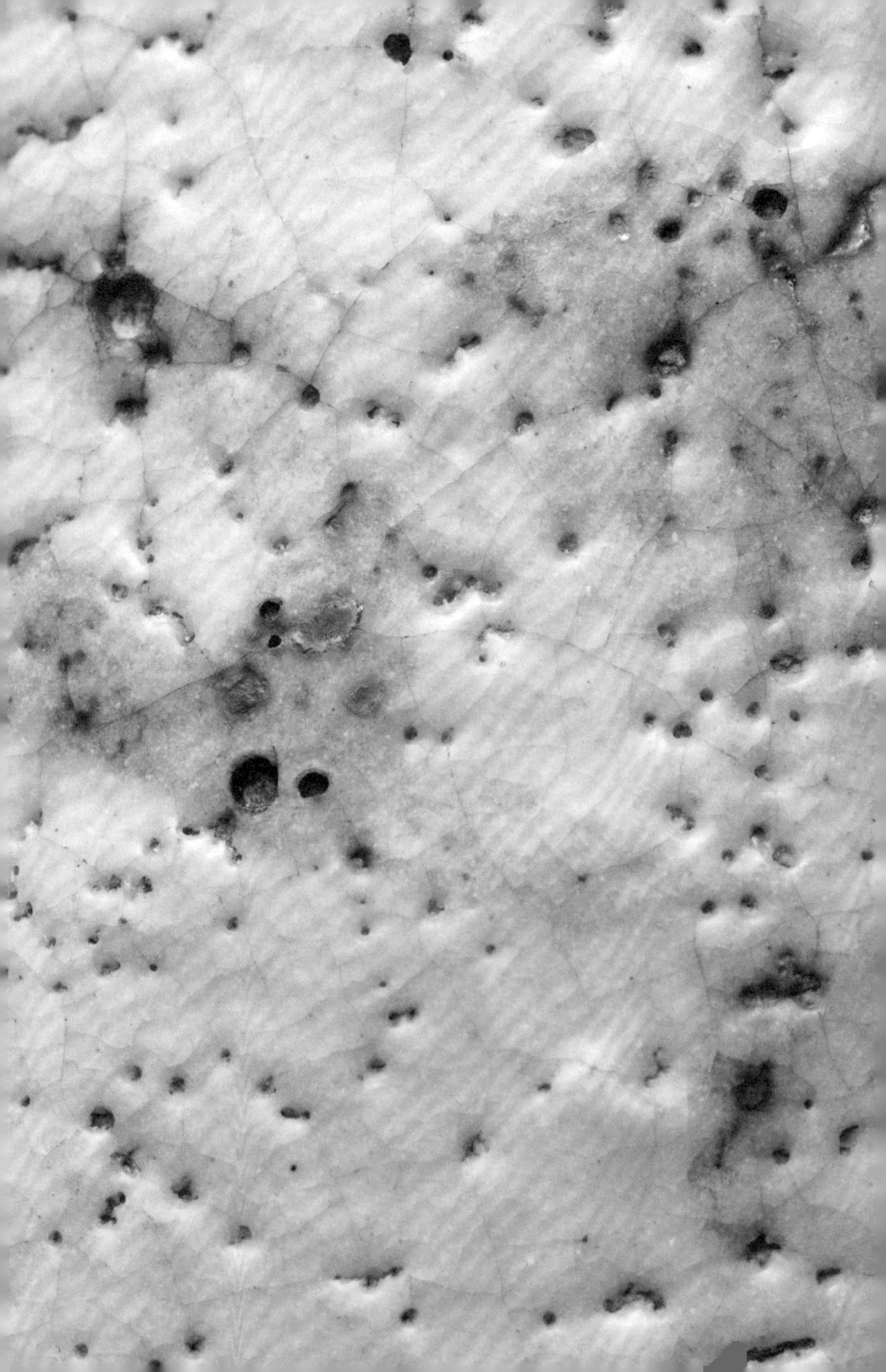

茶叶罐
日本江户时代
6.5×6.7 cm

牡丹茶盏
日本江户时代
直径5.1 cm

茶罐
日本江户时代
7.6×7 cm

菊花茶盏
日本江户时代
7.6×13 cm

茶叶罐
日本18世纪末
5.7×7.9 cm

茶的样子

【原文】

二、明茶形容

《尔雅》曰：树小似栀子木[1]。

《桐君录》曰：茶花状如栀子花，其色白。[2]

《茶经》曰：茶似栀子叶，花白如蔷薇。[3]

【注释】

[1] 栀子：茜草科植物，野生品种也叫黄栀子、山栀子，外形类似茶树，果实黄色，可入药，栀子黄还可作为染料。栽培品种有大叶栀子（大花栀子）等，花大而富浓香，不结果。

[2] 《桐君录》：即《桐君采药录》，又名《桐君药录》，约为秦汉时期作品，作者不明，书早已佚失，“桐君”或者是作者名，或指浙江省桐庐县的桐君山。《太平御览》卷867《饮食部》：“《桐君录》曰：西阳武昌晋陵皆出好茗，巴东别有真香茗，煎饮令人不眠。又曰：茶花状如栀子，其色稍白。”

[3] 茶似栀子叶，花白如蔷薇：《茶经》原文是：“其树如瓜芦，叶如栀子，花如白蔷薇，实如栟榈。”

【译文】

二、了解茶的样子

《尔雅》中记载：茶树体型小，有如灌木栀子。

《桐君录》中记载：茶花的外形像栀子的花，颜色稍白一些。

《茶经》中记载：茶叶像栀子叶，花为白色，像蔷薇花。

【导读】

在辨明茶的名称之后，荣西又据古籍交代了茶树的植物形状。宋徽宗赵佶在《大观茶论》中，阐述了从茶叶的栽培、采制到烹试、鉴品，从烹茶的水、火、具到色、味等多方面的知识，并对在北宋盛极一时的斗茶之风做了精辟的记述与总结。宋徽宗的茶论专业性极强，尤其在点茶的论述中，他的记录详尽到了每一道工序的每一个细节。宋徽宗在《大观茶论》中赞："本朝之兴，岁修建溪之贡，龙团凤饼，名冠天下。"宋代时，茶文化发展迅速，《宣和北苑贡茶录》载："太平兴国初（976）特置龙凤模，遣使即北苑造团茶，以别庶饮，龙凤茶盖始于此。"庆历三年（1043），时任福建漕运使的蔡襄将龙凤团茶改为小龙凤团茶，号为珍品。欧阳修《归田录》载："其品精绝，谓小团，凡二十饼重一斤，其价值金二两，然金可有而茶不可得！"

宋徽宗赵佶半身像轴

宋，佚名绘。台北故宫博物院藏。赵佶，宋神宗十一子，宋朝第八位皇帝，在位二十六年。靖康之变后，宋徽宗与儿子宋钦宗二帝被俘北上，北宋灭亡。宋徽宗是花鸟画的第一高手，还自创书法『瘦金书』。他在其创作的书画上使用一个类似拉长了的『天』字的花押，据说象征『天下一人』。这也是中国历史上最出名的花押。同时，他也是一位名副其实的茗中高手，他撰写的《茶论》（亦名《大观茶论》）至今仍被认为是一部不可多得的论茶专著。全书共分二十篇。在此书中，宋徽宗结合自己的经验，阐述了从茶叶的栽培、采制到烹试、鉴品，从烹茶的水、火、具到色、味等多方面的知识，并对在北宋盛极一时的斗茶之风做了精辟的记述与总结。宋徽宗本人就是一个点茶高手。蔡京在《延福宫曲宴记》中记载，宣和二年（1120）12 月的一天，宋徽宗在延福宫宴请王公大臣时，就曾亲自表演点茶技艺并将点好的贡茶分给赴宴的王公大臣们饮用。

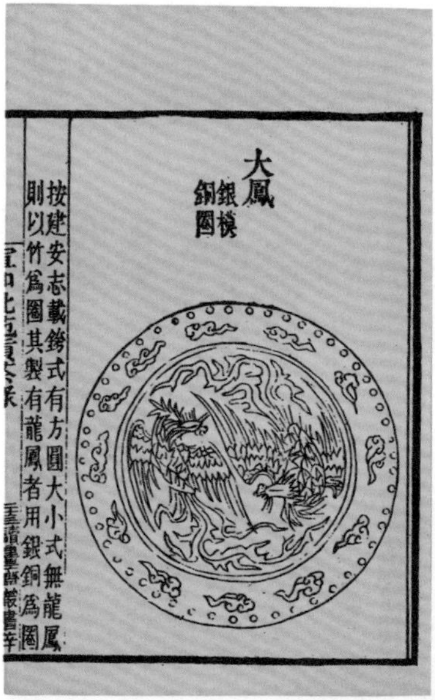

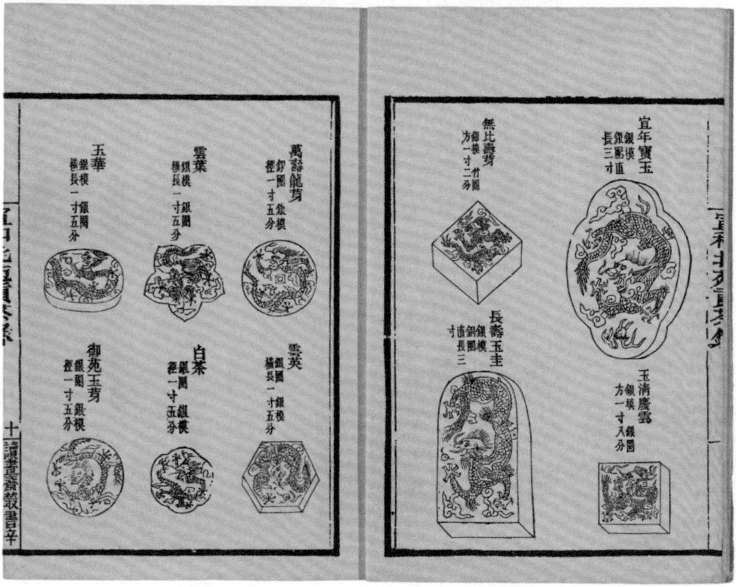

《宣和北苑贡茶录》

宋，熊蕃撰，熊克绘图。北苑御茶（北苑贡茶）是指宋代贡茶，主产区在古代建安县吉苑里，即今建瓯市东峰镇境内。书中所述皆建安茶园采焙入贡法式。在宋朝，茶叶是对外贸易的一种商品。蔡京为相时，大改茶盐之法。崇宁四年（1105），撤销各产茶区的收购机关（山场），商人在京师或地方领取长短引（运销茶叶凭证。长引，限一年，可行销外路；短引，限一季，只能行销本路，且行销的茶叶数量少）。后直接向园户买茶，再到政府机关缴纳茶息和批引。

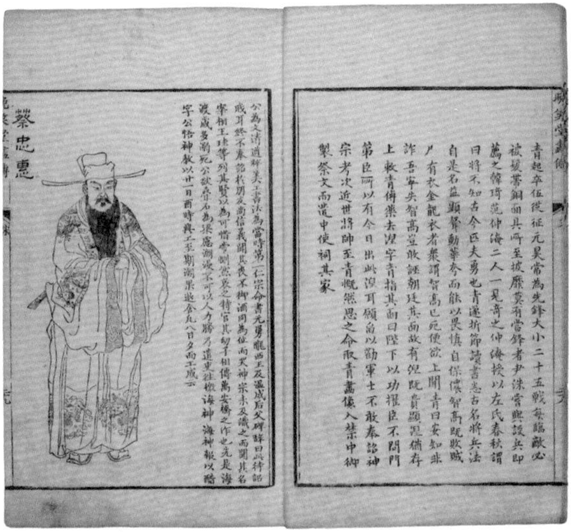

蔡忠惠

选自《晚笑堂竹庄画传》。上官周著绘。蔡襄，字君谟，号莆阳居士，著名书法家。天圣八年（1030）解元，曾出任福建路转运使，知泉州、福州、开封和杭州府事等职。治平四年（1067）8月，蔡襄在家逝世，赠谥忠惠。蔡襄所著《茶录》是宋代重要的茶学专著。蔡襄有感于陆羽《茶经》『不第建安之品』而特地向皇帝推荐北苑贡茶之作。全书分为两篇，上篇论茶，分色、香、味、藏茶、炙茶、碾茶、罗茶、候茶、熁盏、点茶十目，主要论述茶汤品质和烹饮方法；下篇论器，分茶焙、茶笼、砧椎、茶铃、茶碾、茶罗、茶盏、茶匙、汤瓶九目。《茶录》是继陆羽《茶经》之后最有影响的论茶专著。

元代《四时类要》也记载有种茶之法：“收取子，和湿沙土拌。筐笼承之，穰草盖。不尔即冻，不生。至二月中，出，种之。于树下或北阴之地开坎，圆三尺，深一尺。熟斸，着粪和土。每阬中，种六七十颗子，盖土厚一寸强。任生草，不得耘。相去二尺种一方。旱时，以米泔浇。此物畏日，桑下竹阴地种之，皆可。二年外方可耘治。以小便稀粪浇拥之，又不可太多，恐根嫩故也。大概宜山中带坡坂。若于平地，即于两畔深开沟垄泄水。水浸根必死。三年后收茶。”

欧阳文忠公

选自《古先君臣图鉴》，明代，潘峦编绘。欧阳修，字永叔，号醉翁、六一居士，谥文忠。北宋政治家、文学家，唐宋八大家之一。吉州庐陵（今江西省永丰县）人，曾继包拯接任开封府尹。四岁丧父，随叔父欧阳晔在湖北随州长大，由其母郑氏教养。为人勤学聪颖，家贫买不起文具，便『以荻画地』，传为美谈。天圣八年（1030）中进士。庆历中任谏官，支持范仲淹。王安石推行新法时，欧阳修对青苗法有所批评。欧阳修爱茶，除了多首咏茶诗作外，还为蔡襄《茶录》写了后序，并著有专门论说煎茶用水的《大明水记》。

中国茶发展到现在，依照加工方式略分为：白茶、黄茶、绿茶、青茶、红茶、黑茶。还有一些加工的茶，比如茉莉花茶。茶叶种植地有浙江（西湖龙井）、福建（武夷山岩茶、安溪铁观音）、安徽（毛峰）、河南（信阳毛尖）、云南（普洱茶和滇红）等。

荣西禅师并非第一个将中国茶引入日本的人，早在唐代，日本僧人最澄禅师随日本遣唐使团乘船来到中国，在中国诸多名寺中研究佛学，同时也品尝到了各寺收藏的茗中珍品。回国时，最澄除了带走大量的佛学经典著作之外，还带走了许多珍稀的茶叶种子，并把它们种植在了日本的滋贺县。公元815年，日本嵯峨天皇到滋贺县梵释寺，寺僧便献上来自中国的茶水。天皇饮后非常高兴，便建议大力推广饮茶，但只在日本上层流传。

最澄禅师

选自日本《传教大师全集》。最澄禅师俗名三津首广野。日本天台宗的开创者。据日本茶的历史年表记载：『公元805年，在佐贺县大津市的日吉大社，种植了由最澄从中国带回来的茶树果实。』最澄将这些茶籽种植在京都比睿山麓，形成了日本最早的『日本茶园』。这也是中国茶种传往国外的最早文献记载。

荣西禅师入宋归国时，带回了一些茶树、茶籽和茶具，并先后在筑前背振山（今佐贺县神崎郡）和博多圣福寺植茶品茗。明惠上人在埚尾种植之后，茶之种植推广到宇治、伊势、骏河、川越等地。除去荣西禅师，将茶推广给日本平民的还有一位被称为“卖茶翁”的日本和尚，名叫柴山元昭。他感觉这么好的东西，应该让老百姓喝。他每天将茶熬好，挑着茶担，到大街上去叫卖，大声喊：“十文不嫌多，一文不嫌少，白喝也可以，就是不倒找。”在“卖茶翁”身体力行的推广下，中国茶叶与饮茶艺术、饮茶风尚才真正进入了日本平民的生活，并日益兴盛。

《卖茶翁茶器图》

日本，木村孔阳氏编绘。卖茶翁是日本黄檗宗万福寺的禅师，俗名柴山元昭，法号月海，又号高游外。他将近耳顺之年，毅然辞别『寺院』，肩挑茶担，挂『十文不嫌多，半文不嫌少，白喝也无妨，只是不倒找』的特制茶旗，在京都一带向日本民众宣传茶的好处。卖茶翁对『煎茶』文化的平民化、普及化做了贡献。在日本茶史上，卖茶翁被称为『煎茶道』的祖师爷。荣西禅师把茶种、茶艺从中国带回日本，煎茶开始在日本流行。此后江户时代初期千利休创立『抹茶道』，而煎茶道一时偃息。至江户时代中期，高游外重新确立煎茶的法与道，并受到当时文人的追捧，遂呈中兴之势。煎茶道也被称为『文人茶』。此书模写卖茶翁茶具计三十三件，均为彩绘木刻，非常精细。

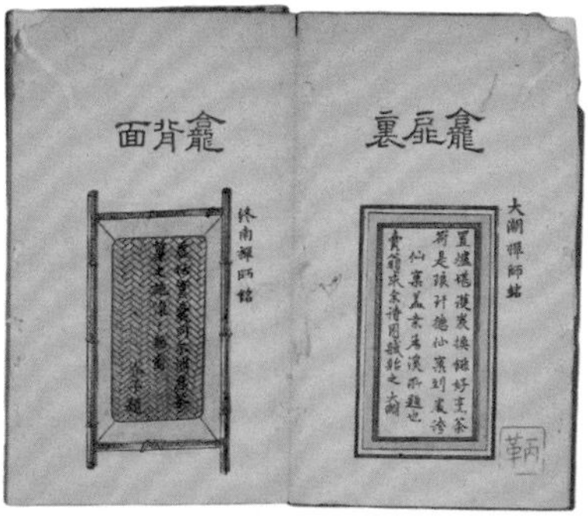
籠背面
籠扉裏

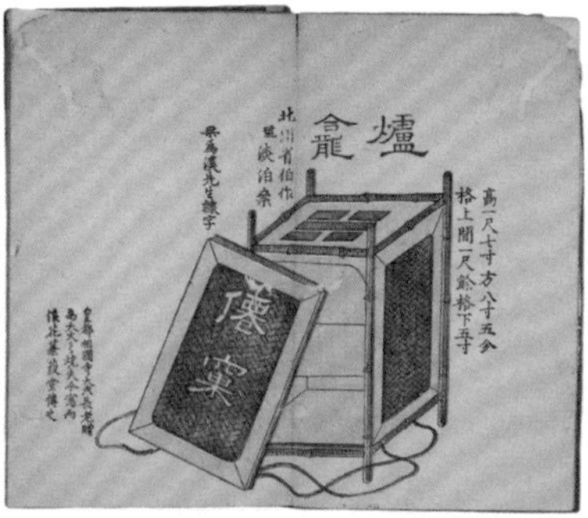
爐籠

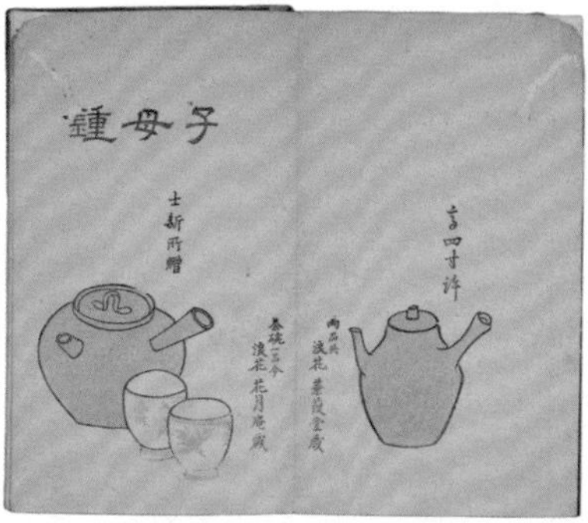
子母鍾

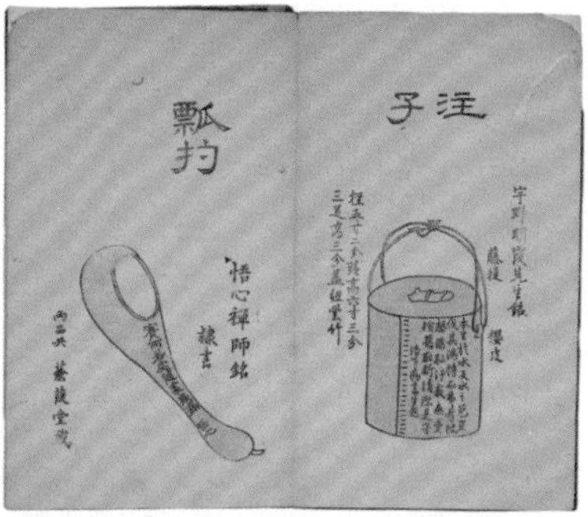
注子
瓢杓

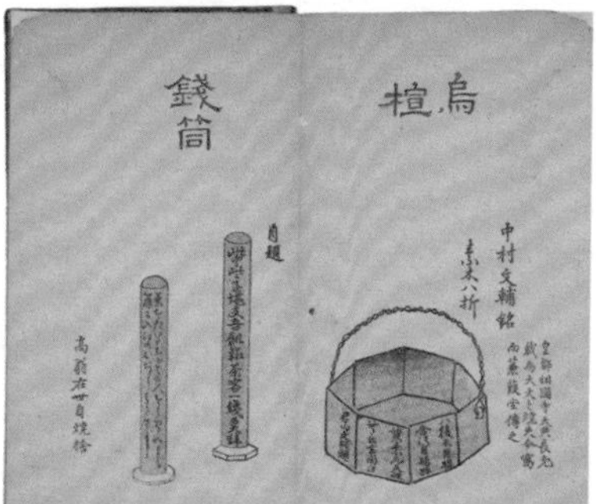
錢筒

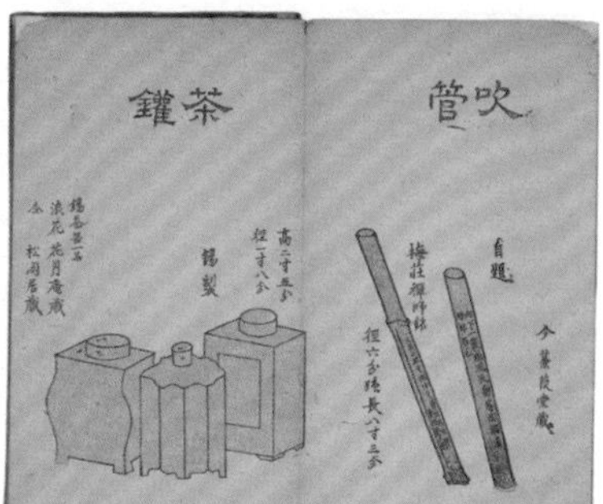
吹管
茶罐

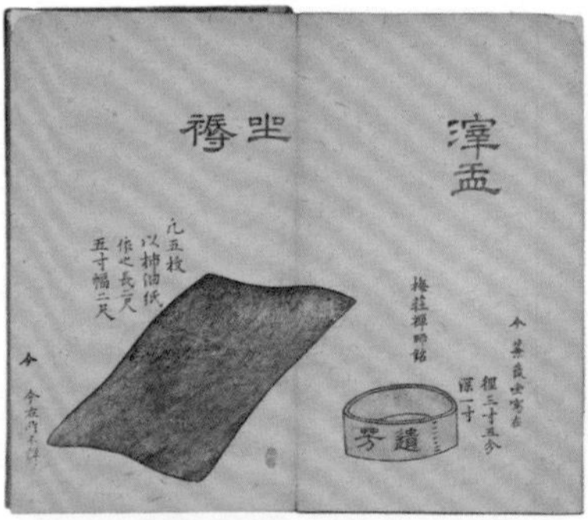
坐褥
滓盂

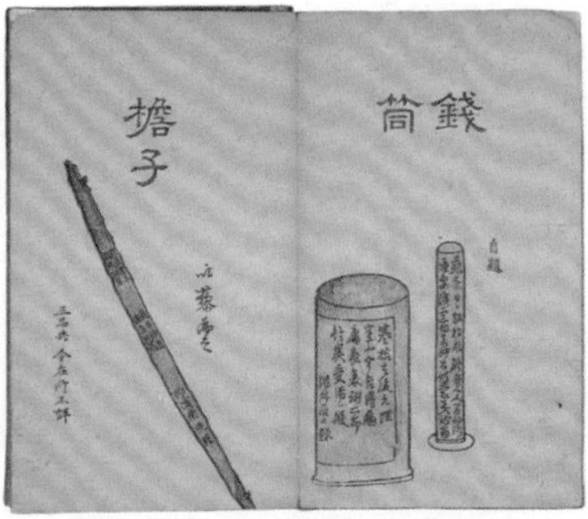
擔子
錢筒

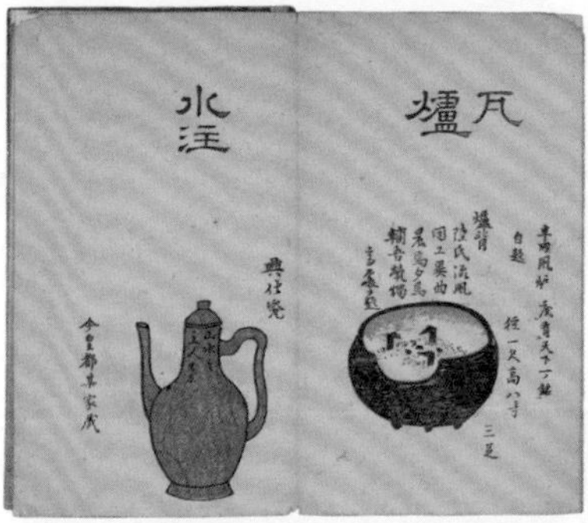
水注
瓦爐

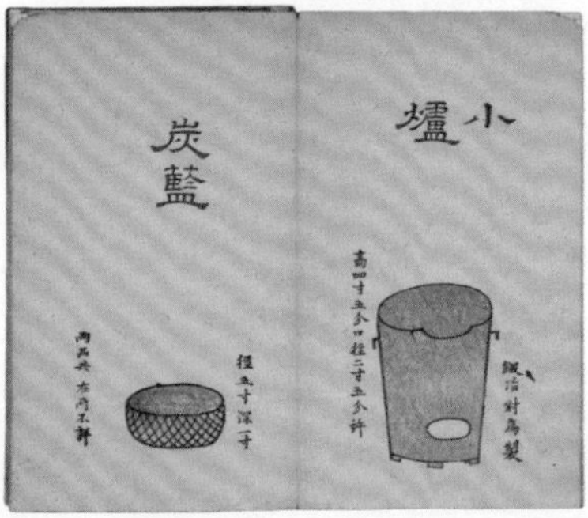
炭籃
小爐

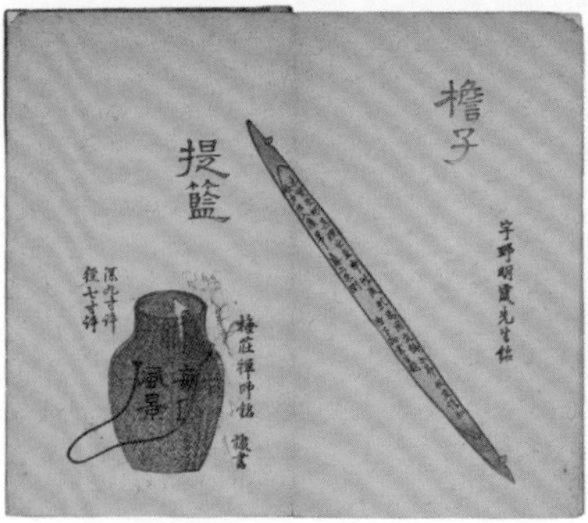
提籃
檐子

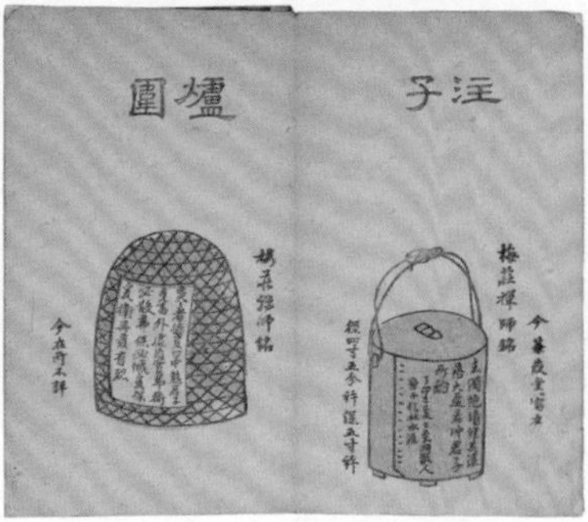
爐團
注子

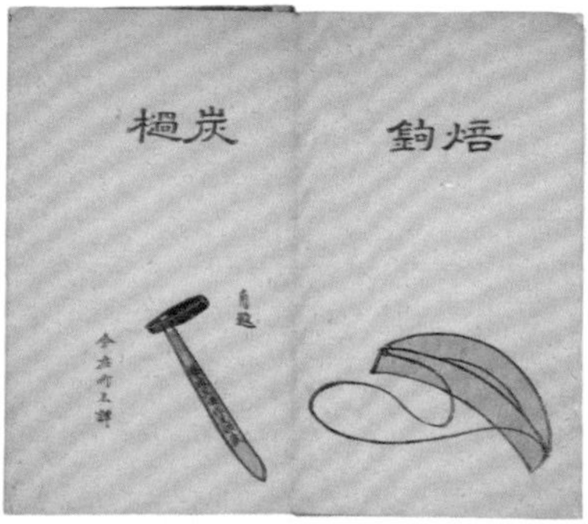
炭檛
焙鉤

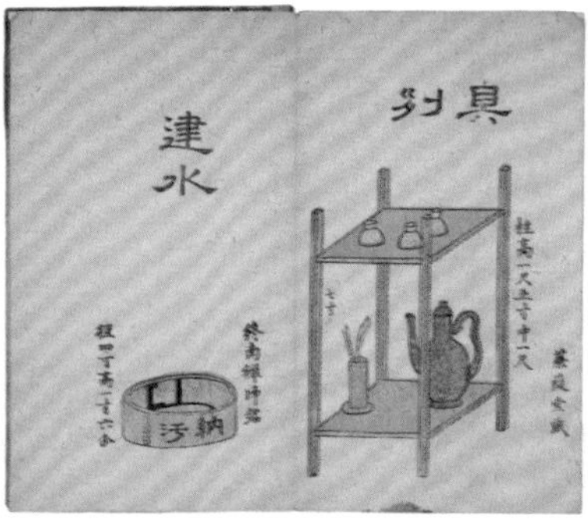
建水
具列

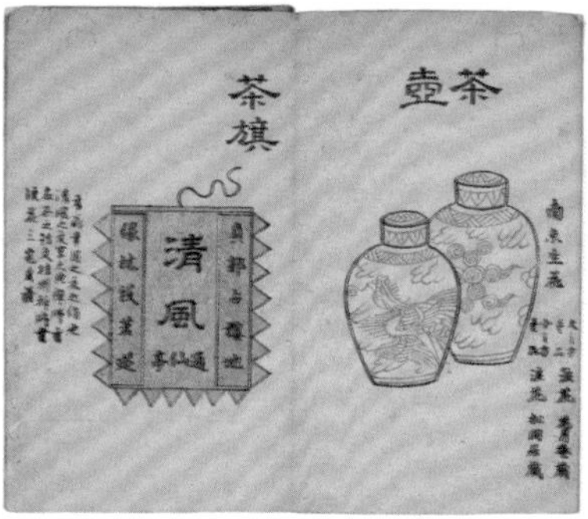
茶旗
清風
茶壺

灰爐
瓶床

茶的功能

【原文】

三、明茶功能

《吴兴记》[1] 曰：乌程县西有温山，出御荈。（御言供御也，贵哉！）

《宋录》[2] 曰：此甘露也，何言茶茗焉？

《广雅》[3] 曰：其饮茶，醒酒，令人不眠。

《博物志》[4] 曰：饮真茶，令少眠。（以眠令人昧劣也，亦眠病也。）

《神农食经》[5] 曰：茶茗，宜久服，令人有【力】，悦志。

《本草》[6] 曰：茶味甘苦，微寒，无毒，服即无瘘疮也。小便利，睡少，去疾渴，消宿食。（一切病发于宿食，宿食消，故无病也。）

华佗《食论》[7] 曰：茶久食，则益意思。（身心无病，故益意思。）

《壶居士食忌》[8] 曰：茶久服羽化，与韭同食，令人身重。

陶弘景《新录》[9] 曰：吃茶轻身，换骨苦。（骨苦即脚气也。）

《桐君录》曰：茶煎饮，令人不眠。（不眠则无病也。）

杜育《荈赋》[10] 曰：茶调神和内，倦懈康除。（内者，五内也，五脏之异名也。）

张孟【阳】《登成都楼诗》[11] 曰：芳茶冠六清，溢味播九区。人生苟安乐，兹土聊可娱。（六清者，六根也。九区者，汉也，谓九州。区者域也。）

《本草拾遗》[12] 曰：皋卢苦平，作饮止渴，除疫，不眠，利水道，明目。出南海诸山，南人极重。（除瘟疫病也。南人者，谓广州等人。此州瘴热地也，瘴，此方云赤虫病也。唐都人补任[13]到此，则十之九不归。食物味美难消，故多食槟榔子，吃茶，若不吃，则侵身也。日本则寒地，故无此难。而尚南方熊野山[14]，夏不登涉，为瘴热地故也。）

《天台山记》[15] 曰：茶久服生羽翼。（以身轻故云尔。）

《白氏六帖·茶部》[16] 曰：供御。（供御，非卑贱人食用也。）

《白氏文集》[17] 诗曰：午茶能散眠。（午者，食时也，茶食后吃，故云午茶。食消则无眠也。）

白氏《首夏》[18] 诗曰：或饮一瓯茗。（瓯者，小器，茶盏之美名也，口广底狭也。为令茶久而不寒，器之底狭深也。）

又曰：破眠见茶功。[19]（吃茶则终夜不眠，而明目，不苦身矣。）

又曰：酒渴春深一杯茶。[20]（饮酒则喉干，引饮，其时唯可吃茶，勿饮他汤水等，必生种种病故耳。）

《劝孝文》[21] 云：孝子唯供亲。（言为令父母无病长寿也。）

宋人歌云：疫神舍驾礼茶木。（《本草拾遗》云：上汤除疫。）

贵哉茶乎，上通诸天境界，下资人伦，诸药各治一病，唯茶能治万病而已。

【注释】

[1] 《吴兴记》：南朝宋山谦之撰，早已佚失。古吴兴郡，治所在乌程县，今属浙江省湖州市。此句转引自《太平御览》。原文括号内为荣西注语，下同。

[2] 《宋录》：作者不详，书也早佚失。《太平御览》卷867《饮食部》：“《宋录》曰：新安王子鸾、豫章王子尚，诣昙济道人于八公山，道人设茶茗，尚味之曰：此甘露也，何言茶茗焉？”书中所记为南朝人物。

[3] 《广雅》：三国魏时张揖撰，是《尔雅》的续篇，收词范围更广，故称《广雅》。查通行本《广雅》并无此句文字。荣西是转引自《太平御览》卷867《饮食部》：“《广雅》曰：荆巴

间采茶作饼，成以米膏出之。欲饮先炙令色赤，捣末置瓷器中，以汤浇覆之，用葱、姜芼之。其饮醒酒，令人不眠。”

[4] 《博物志》：西晋张华（232~300）编撰，分类记载了山川地理、飞禽走兽、人物传记、神话古史、神仙方术等。查《博物志·食忌》原文是：“饮真茶，令人少眠。”荣西此句是转引自《太平御览》卷 867《饮食部》：“《博物志》曰：饮真茶，令少眠睡。”

[5] 《神农食经》：此书作者及成书情况不详，已佚失。此句转引自《太平御览》卷 867《饮食部》，“力”字竹苞楼本缺，据补。

[6] 《本草》：古代药书的习惯用名。本句转引自《太平御览》卷 867《饮食部》《神农食经》条下：“又曰：茗，苦茶，味甘苦，微寒，无毒，主瘘疮，利小便，少睡，去痰渴，消宿食……”

[7] 华佗《食论》：“华佗”竹苞楼本作“华他”，显误。《食论》成书情况不详，已佚失。本句转引自《太平御览》卷 867《饮食部》：“华佗《食论》曰：苦茶久食，益意思。”

[8] 《壶居士食志》：此书不详。本句转引自《太平御览》卷 867《饮食部》：“《壶居士食志》曰：苦茶久食羽化，与韭同食，令人身重。”“食志”有本作“食忌”。羽化：道家名词，指飞升成仙。

[9] 陶弘景《新录》：陶弘景，南朝梁时丹阳秣陵（今江苏南京）人，著名的医药家、炼丹家、文学家，人称“山中宰相”，著作有《本草经集注》等。《新录》一书不详。本句转引自《太平御览》卷 867《饮食部》：“陶弘景《新录》曰：茗茶轻身换骨，丹丘子、黄山君服之。”按荣西此处说吃茶可“换骨苦”，并注骨苦即脚气。注意此处脚气是古代中医病名，与现在所说的脚气（足癣、香港脚）不同，详见本书下卷“脚气病”一节。

[10] 杜育《荈赋》：杜育，字方叔，襄城邓陵（今河南襄城）人，《晋书·贾谧传》有载，著有《杜育集》（已佚失）。《荈赋》见于《艺文类聚》《北堂书钞》《太平御览》及清人严可均所辑《全晋文》等，内容不一。据韩格平等人《全魏晋赋校注》一书考证，有“调神和内，惓解慵除”一句。荣西这里是引自《太平御览》。

[11] 张孟阳《登成都楼诗》：张孟阳，名载，字孟阳，西晋文学家，竹苞楼本缺“阳”字，迳补。《汉魏六朝百三家集·张孟阳集》有《登成都白菟楼》长诗一首，末即本文所录诗句。六清：即六饮，《周礼·天官·膳夫》：“凡王之馈……饮用六清。”郑玄注：“六清，水、浆、醴、醇、醫、酏。”孙诒让正义：“此即浆人之六饮也。”后用以泛指饮料。

[12] 《本草拾遗》：唐代陈藏器撰，书早已佚失。本句是转引自《太平御览》卷 867《饮食部》：“《本草拾遗》曰：皋芦，茗，作饮，止渴，除疫，不睡，利水道，明目。生南海诸山中，

南人极重之。”据尚志钧辑本《本草拾遗》:“皋芦叶，味苦，平。作饮，止渴，除痰，不睡，利水，明目。出南海诸山，叶似茗而大，南人取作当茗，极重之。”

[13] 补任：补为补缺，任为简任，均为古代任官名词。清代昭梿《啸亭续录·姚中丞》:“凡州县候补署篆者，皆以弥补亏空之多寡为补缺先后，故人皆踊跃从事。”《后汉书·申屠刚传》：“皇太子宜时就东宫，简任贤保，以成其德。”

[14] 熊野山：位于日本纪伊国东牟娄郡，今在和歌山县南部，以山中有熊野坐神社、熊野速玉神社、熊野牟须美神社等三宫鼎立，故又称熊野三山。

[15] 《天台山记》：唐朝徐灵府撰，查《天台山记》各本并无“茶久服生羽翼”一句，荣西是转引自《太平御览》卷867《饮食部》:“《天台山记》曰:丹丘出大茗,服之生羽翼。”据说此句见于晚唐五代时人温庭筠的《采茶录》：“天台丹丘出大茗，服之生羽翼。”但查《采茶录》残篇无此句文字。

[16] 《白氏六帖》：即白居易《白氏六帖事类集》，“供御”在该书第五卷“茶第六”中。

[17] 《白氏文集》：白居易的诗文集，又称《白氏长庆集》。“午茶能散眠”诗题为《府西池北新葺水斋即事招宾偶题十六韵》，其句原文为：“午茶能散睡，卯酒善销愁。”

[18] 白氏《首夏》：即白居易《首夏病间》诗，这句是：“或饮一瓯茗，或吟两句诗。”

[19] 破眠见茶功：此句见白居易《赠东邻王十三》诗句：“驱愁知酒力，破睡见茶功。”

[20] 酒渴春深一杯茶：此句见白居易《早服云母散》诗句：“药销日晏三匙饭，酒渴春深一碗茶。”

[21] 《劝孝文》：竹苞楼本作“观孝文”，应为误，宋代宗赜禅师著有《劝孝文》。

【译文】

三、了解茶的功能

山谦之《吴兴记》记载：乌程县西部有温山，出产御荈。(荣西点评：“御”是说供皇帝用的，很高贵呀！)

《宋录》记载：这真是甘露啊，为什么叫作茶和茗呢？

张揖《广雅》记载：喝茶能醒酒，让人不睡觉

张华《博物志》记载：喝好茶，让人减少睡眠时间。(荣

西点评：一味地睡眠会让人昏昧顽劣，贪睡也是一种病。）

《神农食经》记载：茶茗宜于长期服用，让人有力气，感到快乐。

《本草》记载：茶的味道既甜又苦，性微寒，无毒，服用后不生瘘疮，小便畅通，睡眠减少，去除疾渴，消化宿食。（荣西点评：一切的病都源于宿食，宿食消化掉了，就不得病。）

华佗《食论》记载：长期喝茶就能增加精力。（荣西点评：身心不生病，所以增加精力。）

《壶居士食志》记载：长期喝茶能羽化飞升。若与韭菜同时吃，则让人身体沉重。

陶弘景《新录》记载：吃茶能使身体变轻，脱胎换骨。

《桐君录》记载：茶煎煮后饮用，能使人不睡眠。（荣西点评：不睡眠就没病。）

杜育《荈赋》有句：茶能调整神志，安和内脏，解除疲倦慵懒。（荣西点评：所谓“内”，指五内，这是五脏的异名。）

张孟阳《登成都白菟楼》诗有句：“芳茶冠六清，溢味播九区。人生苟安乐，兹土聊可娱。”（荣西点评：所谓六清，就是六根。九区，指中国的九州。区是区域。）

陈藏器《本草拾遗》记载：皋卢，味苦，性平和，作为饮料能止渴、除病、令人不睡、通小便、明目。茶生于南海的群山中，南方人极为重视它。（荣西点评：它能解除瘟疫病。南方人指广州等地的人。广州是瘴热的地方，瘴，日本叫赤虫病。中国都城的人被委任到了此地之后，十分之九就回不去了。这里食物味道鲜美，但难以消化，所以多吃槟榔子，吃茶。如果不吃，就会侵害身体。日本是寒冷的地方，所以没有这种灾难。如果是日本南方的熊野山，夏天不能参拜神社，因为那也是瘴热地方的缘故。）

徐灵府《天台山记》记载：长期饮茶能生出翅膀。（荣西点评：因为身体变轻了，所以这样说。）

白居易《白氏六帖事类集·卷第五·茶第六》记载：茶是供皇帝御用的。（荣西点评：不是卑贱之人所能饮用的。）

白居易的诗文集中有诗题为《府西池北新葺水斋即事招宾偶题十六韵》，其中一句："午茶能散睡，卯酒善销愁。"（荣西点评：午指吃午饭时间，饭后吃茶，所以称为午茶。喝茶可以帮助食物消化，这样就不困倦了。）

白居易《首夏病间》诗，其中一句是："或饮一瓯茗，或吟两句诗。"（荣西点评：瓯是一种小茶具，就是茶盏的好听名字，口大底小。为了不让茶放久了变凉，茶盏的底部小而深。）

白居易又有《赠东邻王十三》诗，其中一句是："驱愁知酒力，破睡见茶功。"（荣西点评：吃茶就彻夜不眠，而且明目，身体无痛苦。）

白居易又有《早服云母散》诗，其中一句是："药销日晏三匙饭，酒渴春深一碗茶。"（荣西点评：饮酒则喉咙干渴，要喝饮料解渴的话，那时只可吃茶，不要喝别的汤水之类，假如喝了别的汤水，必然生出各种疾病。）

《劝孝文》一书中说：孝子就得供养双亲。（荣西点评：意思是说设法让父母不生病，而且得长寿。）

宋人歌谣说：疫神离开座驾来礼拜茶树。（荣西点评：《本草拾遗》指出，上等汤药可除疫病。）

茶真是可贵啊，它上可通诸天境界，下可帮助人类，各种药物只能治一种病，只有茶能治万病。

【导读】

这一节的内容是荣西禅师为“茶者，养生之仙药也，延龄之妙术也”所作的注解。茶的医疗作用自古即有之，传说神农氏采摘茶叶的初衷就是为了治病，后来才主要用于饮用。因为茶叶中所含的物质不同，各种茶的药用价值也会有所不同。荣西禅师不断提到茶的治病功能是因为他第二次入宋在天台山万年寺求法期间，因事去明州（今宁波市），时值六月炎暑，热气蒸腾，荣西离山不久，途中中暑，几至“气绝”。幸好附近有家店主煎了药茶，令其饮服，方感“身凉清洁，心地弥快”。古籍中记载的茶的功能，甚至达到了神化的境地，以现在的眼光来看，这些叙述未必完全正确，有些只能作为参考。如关于饮茶可致“不眠”的问题，茶确实可以起到使人兴奋的作用，困乏的时候饮茶可以提神清脑，但夜里饮浓茶导致无法入睡则未必益于健康。

智顗画像

选自《伝教大师伝》。日本，三浦周行编绘。智顗，俗姓陈，字德安，世称智者大师，天台大师，是中国佛教天台宗四祖，天台宗的实际创始人。开皇十一年(591)十一月，杨广在江都城内总管府金城殿设千僧会，隆重迎谒智顗，并拜智顗为师。智顗为杨广取法名为『总持』菩萨，杨广奉智顗为『智者大师』。六年后智顗圆寂时，杨广于天台山南麓建立大寺院。后来他即位为帝，御赐这座寺庙名为『国清寺』。天台宗的学说以《法华经》为主教依据，故天台宗亦称法华宗。智顗的学说在日本有很大影响，荣西禅师曾在天台山万年寺求法。

传说达摩祖师面壁禅坐时，不饮不食，但是在入定中的第三年，由于睡魔侵扰，让他盹着了一会儿。达摩祖师清醒后非常愤怒，心想，如果连昏睡这样的搅扰都抵挡不住，何谈度众生！便撕下眼皮掷在地上继续禅坐。后来，从达摩祖师扔下眼皮的地方长出一苗灵根与清香的枝叶，祖师在后来的打坐中逢有昏沉就摘这叶子来嚼食，很快就清醒了。这就是后世的茶。荣西属于佛门中人，他认为，修禅有三大障碍：一为睡魔，二为杂念，三为坐相不正。不除掉这三大障碍，禅便难以修成，尤以睡魔为甚，欲驱除之，当饮茶。

经科学分析，茶叶中含有咖啡碱、单宁、茶多酚、蛋白质、碳水化合物、游离氨基酸、叶绿素、胡萝卜素、芳香油、酶、维生素A原、维生素B、维生素C、维生素E、维生

达摩面壁图

明代，宋旭绘。达摩到达嵩山少林寺后，于寺中面壁九年，称『壁观婆罗门』。面壁是一种静坐的方式，就是面对石壁，端端正正地坐在那里，两腿曲盘，两手作弥陀印，双目下视，五心朝天入定。开定后，便可以喝茶，待倦怠恢复后，再去坐禅入定。

素P以及无机盐、微量元素等四百多种成分。正如荣西禅师所举证，茶的功能有很多，而且深受历代文人骚客的喜爱。荣西禅师文中所提的有张华、白居易等人。事实上，关于文人与茶的故事在民间流传甚多。中唐时，坐镇河朔的田承嗣专横跋扈，不听朝廷号令。“大历十才子”之一的郎士元曾说：“郭令公不入琴，马镇西不入茶，田承嗣不入朝，可谓当今三不入。”马燧对“马镇西不入茶”的嘲笑非常不满。于是，特约郎士元到家中喝茶叙情，茶浓时以碗代盅，边煮边饮，马燧愈喝愈勇，而郎士元却肚胀如鼓。他几次想起身告辞，都被马燧拦住，最后被迫承认自己讲马燧不入茶讲错了，方才脱身离开。把茶当酒斗，也只有马燧这样的武将想得出来。

凤凰茶碗架
明代，剔红漆器。

唐代是诗歌发展最为昌盛的时期，因为文人多喜茶，便涌现了大批以茶为题材的诗篇。仅据《全唐诗》不完全统计，这期间涉及茶事的诗作就有六百余首，咏茶的诗人达一百五十余人。李白就喜欢饮茶。天宝三年（744），李白因酒后得罪了杨国忠及高力士等权贵，不得已辞官还乡，在栖霞寺巧遇从荆州前来的宗侄僧人中孚。中孚禅师既通佛理又喜欢饮茶，以茶供佛，并招待四方宾客。两人举茶论禅，指点江山。李白诗兴大发，挥笔写下了《答族侄僧中孚赠玉泉仙人掌茶并序》一诗。

在宋代的著名诗人词人中，欧阳修、梅尧臣、范仲淹、苏东坡、黄庭坚、陆游、杨万里等名士都曾写过关于茶的诗歌。其中苏东坡所作《汲江煎茶》中的“大瓢贮月归春瓮，小杓分江入夜瓶”和《次韵曹辅寄壑源试焙新茶》中的“戏作小诗君勿笑，从来佳茗似佳人”等，都是千古名句。王安石老年时患有痰火之症，需用长江瞿塘中峡水煎烹阳羡茶治疗。王安石托苏东坡为自己找水，称“倘尊眷往来之便，将埋塘中峡水攒一瓮寄与老夫，则老夫衰老之年，皆子瞻所延也”。不久，苏东坡回乡省亲，归来时亲自带着采取的江

《藏云图》

明代，崔子忠绘。北京故宫博物院藏。诗人李白在画中盘腿端坐四轮车上行于山路，凝视头顶之云气，神态安闲。李白与杜甫合称『李杜』（『小李杜』则是李商隐、杜牧），有『诗仙』『诗侠』『酒仙』『谪仙人』等称呼。李白喜好作赋、剑术、奇书、神仙。天宝元年（742），李白为供奉翰林。由于他桀骜不驯的性格，不到两年就离开了长安。安史之乱爆发后，李白曾做永王李璘的幕僚。永王触怒唐肃宗被杀后，李白也获罪入狱。在郭子仪的力保下，方得免死，改为流徙夜郎（今贵州桐梓）。后在途经巫山时遇赦。李白晚年在江南一带漂泊。上元三年（762）11月，李白病逝于寓所，终年六十一岁，葬当涂龙山（后来，根据其生前『志在青山』的遗愿，将其墓迁至当涂青山）。关于他的死，还有多种说法：李阳冰说病死；唐晚期诗人皮日休说李白是患『腐胁疾』而死；《旧唐书》记载饮酒过度而死；另有传说李白在舟中赏月，因下水捞月而死。由于这个传说，后人将李白奉为诸『水仙王』之一。曾写有《答族侄僧中孚赠玉泉仙人掌茶并序》。

王文公

选自《芥子园画谱》。清朝王概等编绘，共和书局刊行。王安石，字介甫，号半山，谥号『文』，封荆国公，世称王荆公。熙宁变法时，王安石提出『天变不足畏，祖宗不足法，人言不足恤』，是为『三不足』之说。司马光曾致函叫他不要用心太过，自信太厚，王安石覆书抗议，二人从此画地绝交。熙宁七年（1074），王安石第一次罢相。熙宁八年（1075）2月，王安石又回京复职，继续执行新法。同年11月有彗星出现于天，曹太皇太后与高太后在宋神宗前哭泣说：『王安石乱天下。』神宗熙宁九年（1076），王安石爱子王雱病逝，王安石求退金陵，潜心学问，不问世事。宋神宗驾崩后，司马光执政，尽废新法，『熙宁变法』以司马光的『元祐更化』结束。元祐元年（1086），王安石在江宁府的半山园去世，宋哲宗赵煦追赠王安石为太傅，并命中书舍人苏轼撰写《王安石赠太傅》的『制词』。曾用长江瞿塘中峡水煎烹阳羡茶治疗痰火之症。

水来见王安石。王安石汲水烹茶，将一小撮阳羡茶投入白瓷定窑碗中，候水如蟹眼，注入碗中，过了好久，碗中才现出茶色。王安石皱起眉头问苏东坡：“这水取于何处？”苏东坡答：“取自瞿塘中峡。”王安石说：“这肯定是瞿塘下峡的水，怎么能冒充中峡水呢。”苏东坡大惊，忙请教王安石是怎样看出破绽的。王安石说：“虽然都是瞿塘之水，但上峡之水性急，下峡则太缓，只有中峡水缓急相半。用上峡水煎茶味太浓，下峡水煎则又显淡，只有中峡水才恰到好处。刚才煎茶时茶色半晌方出，

朱子像

明代，郭诩绘。朱熹谥号『文』，又称朱文公。理学集大成者，尊称朱子。朱熹曾于建阳云谷结草堂『晦庵』，在此讲学，世称『考亭学派』，亦称考亭先生。宋高宗绍兴十八年（1148）进士，历高宗、孝宗、光宗、宁宗四朝。庆元六年（1200）三月初九午时病逝于建阳考亭之沧州精舍，寿七十岁。嘉定二年（1209）诏赐谥曰『文』（称文公），累赠太师，追封信国公，后改徽国公，从祀孔子庙。

苏东坡像

元代。赵孟頫绘。台北故宫博物院藏。

一看就知道是下峡水了。”苏东坡对王安石的辨水水平大为叹服。南宋朱熹生在一个嗜茶世家，其父朱松爱茶成癖。受父亲的影响，朱熹在武夷山创办学院期间，也把品茗怡性当作一件不可或缺的事务。他曾在建阳县茶坂构筑草堂三间，躬耕田亩，种茶自娱。由他亲手培植的茶树，被人称为“文公茶”，为武夷山名茶之一。

元代与黄公望、吴镇、王蒙一起被并称为“元四家”的画家倪瓒也是一位嗜茶的雅士。据明代茶家顾元庆《云林遗事》记载，倪瓒为了求

倪瓒像

清代，徐璋绘。南京博物院藏。倪瓒，字元镇，号云林子、幻霞生、荆蛮民。元代画家、诗人。『元四家』（倪瓒、黄公望、王蒙、吴镇）之一。倪瓒善画水墨山水画，创造『折带皴』，是平远画法的典型。倪瓒好饮茶，特制『清泉白石茶』。宋朝贵族遗少赵行恕来访，倪瓒用此等好茶来招待他。赵行恕却觉得此茶不怎么样。倪瓒很生气，道：『吾以子为王孙，故出此品，乃略不知风味，真俗物也。』遂与之绝交。

得一种香味独特的上好茶叶，曾特地在旭日初升时，将选好的茶叶放入池塘含苞初绽的带露莲花瓣中，然后用麻线将莲花绑好，经过一夜自然熏染，次日清晨再将吸取莲香的茶叶取出，在太阳下晒干。这样反复操作多次，倪瓒终于得到了一种清爽怡神的新茶种，并取名为“莲花茶”。

明代画家唐寅爱茶又喜酒，闲来品茶、愁来饮酒是他对生活的基本态度。唐寅一生创作了许多茶画，《事茗图》中品茗弹琴的惬意，《品茶图》中一老一少的闲适，《烹茶图》中飘逸洒脱的意境，《慧山竹炉图》中散淡之间的情趣等，无不体现了唐寅对饮茶之举的认知和感悟。除以上画作外，唐寅创作的以茶为题的画作还有《煎茶图》《斗茶图》和《煮茶图》等，所有这些都是中国古代画作中不可多得的精品。

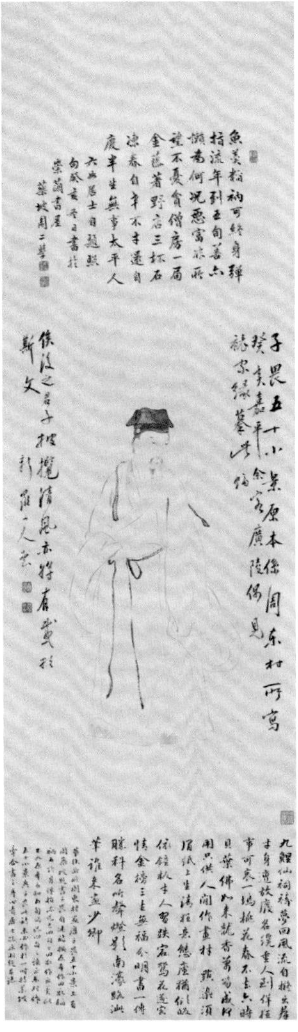

唐寅像

清代，华喦绘。唐寅，明代著名画家、文学家。字伯虎，又字子畏，以字行，号六如居士、桃花庵主、逃禅仙吏等。『吴中四才子』之一，在画史上又与沈周、文徵明、仇英合称『明四家』或『吴门四家』。唐寅作品以山水画、人物画闻名于世。嘉靖二年（1523）去世，葬在桃花坞北，身后仅遗一女。他喜茶，有《事茗图》《品茶图》传世。

清代郑燮、陈章、曹廷栋、张日熙等的咏茶诗也多为那个时代的著名诗篇。“扬州八怪”之一的汪士慎亦精通品茗，故而又有“茶仙”之誉。汪士慎曾为朋友画过一幅《乞水图》，画中一老翁持瓮请求主人赠他以雪水，以便烹茶。“扬州八怪”之一的高翔专门为汪士慎绘了一幅《煎茶图》。

文人与茶

中国的古文化历史悠久，茶文化在其中占有重要的地位。作为茶文化的一个组成部分，茶画、茶诗、茶词则要算是一道意境优美而深远的独特风景。中国古代的文人名士大多爱茶、嗜茶，在文人们的众多雅事中，煮茶品茗，怡情冶性，又被认为是雅中之大雅。我们特选一组关于茶的画作，供大家欣赏。

《撵茶图》 明摹宋人画。台北故宫博物院藏。

《卢仝烹茶图》

宋代，刘松年绘。图中描绘了卢仝得好友朝廷谏议大夫孟荀送来的新茶，并当即烹尝的情景。卢仝是唐代诗人，自号玉川子，范阳（今河北涿县）人，家境贫穷仍刻苦读书，不愿入仕，以好饮茶誉世。《卢仝烹茶图》中那头顶纱帽，身着长袍，仪表高雅悠闲席地而坐的当是卢仝。

《斗茶图》 宋代，佚名绘。

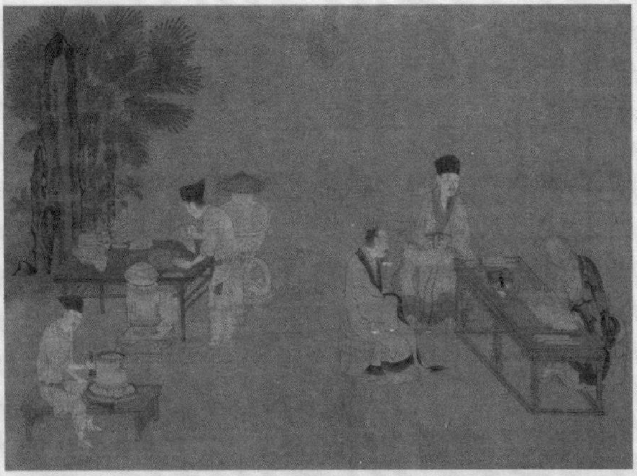

《煮茶图》 宋代，刘松年绘。台北故宫博物院藏。

《煮茶图》 明代，陈洪绶绘。

《品茶图》 明代，陈洪绶绘。

《松溪品茗图》明代，陈洪绶绘。

《竹院品古图》明代，仇英绘。

《烹茶洗砚图》清，钱慧安绘。上海博物馆藏。

《惠山茶会图》 明，文徵明绘。

《茶具十咏图》 明，文徵明绘。画的上半幅有自题《茶具十咏》。

《写经换茶图》卷 明，仇英摹赵孟頫。

《玉川先生煮茶图》 清，金农绘。图中的玉川先生指的是唐代卢仝，与陆羽齐名，著有诗作《走笔谢孟谏议寄新茶》，人称『玉川茶歌』。

《妙玉品茶》 选自《金陵十二钗》，清，费丹旭绘。

《烹茶图》 近代，吴昌硕绘。

《茗茶待品》 清，任伯年绘。

《卖浆图》 清代，姚文翰仿《茗园赌市图》所作。

采茶的时间

【原文】

四、明采茶时

《茶经》曰：凡采茶，在二月三月四月之间。

《宋录》曰：大和七年正月，吴蜀贡新茶，皆冬中作法为之。诏曰：所贡新茶，宜于立春后造。[1] (意者，冬造有民烦故也。自此以后，皆立春后造之。)

《唐史》曰：贞元九年春，初税茶。[2]

茶美名早春，又曰芽茗，即此义也。宋朝比采茶作法，天子上苑中有茶园，元三之间，多集下人令入园中，言语高声，徘徊往来。则次日茶牙萌一分二分。以银镊子采之，而后作蜡茶[3]，一匙之直至千贯矣。

【注释】

[1] 所贡新茶，宜于立春后造：此句当引自《太平御览》卷 867《饮食部》："《唐史》曰……又曰：大和七年正月，吴蜀贡新茶，皆于冬中作法为之。上务恭俭，不欲逆其物性，诏所贡新茶，宜于立春后造。""大和"为唐文宗年号，大和七年即 833 年，故荣西原文"《宋录》"当为"《唐史》"。查《旧唐书·文宗本纪》，大和七年正月所记正与《太平御览》同。

[2] 贞元九年春，初税茶：此句当引自《太平御览》卷 867《饮食部》："《唐史》曰……又曰：贞元九年春，初税茶。"贞元，唐德宗年号，贞元九年即793 年。查《旧唐书·德宗本纪》："九年春正月……茶之有税，自此始也。"

[3] 蜡茶：即"腊茶""蜡面茶"，唐宋时福建所产名茶。《旧唐书·哀帝纪》："福建每年进橄榄子……虽嘉忠荩，伏恐烦劳。今后只供进蜡面茶，其进橄榄子宜停。" 宋代程大昌《演繁露续集·蜡茶》："建（建州）茶名蜡茶，为其乳泛汤面，与镕蜡相似，故名蜡面茶也。"

【译文】

四、了解采茶的时节

《茶经》载：采茶的时间，在二月三月四月之间。

《旧唐书》载：大和七年正月，吴国蜀国进贡的新茶，都是在冬季制作的。皇上提倡恭敬节俭，不想违逆事物的本性，因此下诏说：以后进贡的新茶，要在立春之后制作。（荣西点评：我理解的意思是，冬天做茶，相当烦扰百姓，所以皇帝下诏自此以后改在立春之后做茶。）

《旧唐书》载：贞元九年春，茶税征收，自此开始。好茶叫作"早春"，又叫"芽茗"，就是这个意思——采摘的是嫩芽。宋朝的采茶法是这样的：皇宫的上苑中有茶园，在元月三日之内，多召集下人进入茶园，让他们在园里高声喧哗，到处来回走动。于是，到了第二天，茶就萌发出一二成嫩芽。用银镊子采摘下来，然后做成蜡茶。这种茶叶一勺的价值就可达到一千贯钱。

【导读】

首先需说明的是，《旧唐书》所载江苏、四川在冬季制茶，这是不符合时令的，可能当时采用了温室培植的办法，这样自然是劳民伤财。

长江流域四季较为分明，采茶时间应在清明、谷雨之后，岭南地区则不属于这种气候。陆羽《茶经·三之造》记载了我国古代的采茶时期："凡采茶，在二月、三月、四月之间。"唐代使用的是现在的农历，也就是公历的三、四、五月间是采茶的时间。唐宋时，一年中只采春茶，而夏秋茶留养不采。明代以后才开始采摘夏秋茶。宋朝的时候，采摘茶叶的时间都是由官府制定的，哪天上山，何时收工，都

茶花图

宋代，佚名绘。

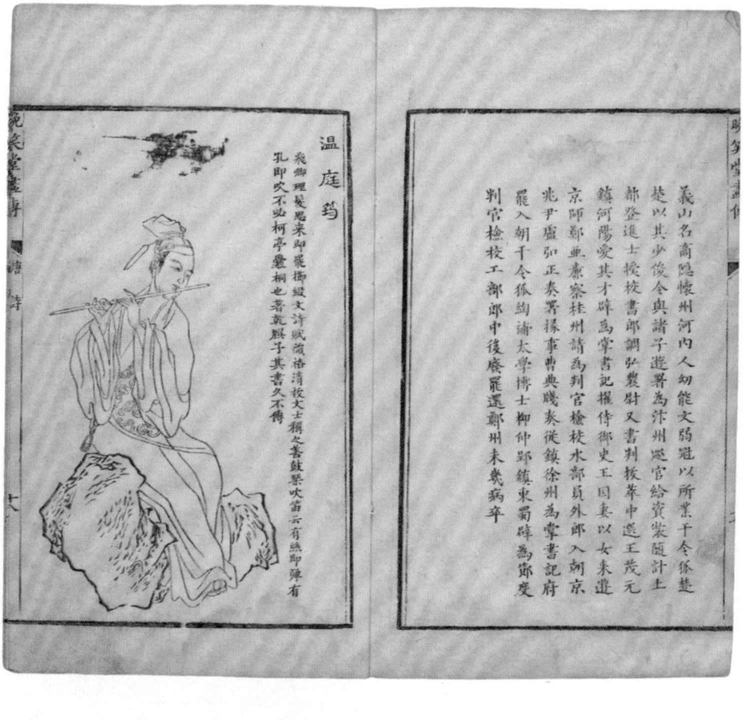

有明确的时间规定。最讲究的是谷雨茶，也就是雨前茶，是谷雨时节采制的春茶，又叫二春茶。谷雨茶除了嫩芽外，还有一芽一嫩叶的或一芽两嫩叶的。一芽一嫩叶的茶叶泡在水里像古代展开旌旗的枪，被称为旗枪；一芽两嫩叶则像一个雀类的舌头，被称为雀舌。与清明茶同为一年之中的佳品。

唐代温庭筠曾著《采茶录》，原三卷，可惜遗失，现在只剩残篇。元代陶宗仪编《说郛》时，将《采茶录》作为专书收录，实仅六则。内容大多为前人与茶有关的故事。宋朝苏辙《论蜀茶五害状》中还有采秋老黄茶的记载。明代许次纾《茶疏》中专有《采摘》这个章节，记载了除传统采摘春茶、夏茶外，秋茶也可采摘。

古代对采茶的人也有各种分工与分类。采茶姑娘在采茶时，经常一边采茶一边唱歌，因此，在茶乡有“手采茶叶口唱歌，一筐茶叶一筐歌”之说。采茶歌也在各地流行，有的还发展为戏曲。另外，宋代茶仪已成礼制，赐茶已成皇帝笼络大臣、眷怀亲族的重要手段，还赐给外国使节。民间将聘金称为“茶仪”，意为男家对女方父母育女之恩的感谢。茶仪以茶担为单位，双方通过媒人两头奔走，定下担数，然后按市价换算成现款或者其他相应的硬通货。订婚时要“下茶”，结婚时要“定茶”，同房时要“合茶”。献茶也逐渐成为民众的一种礼仪，迁徙时，邻里要“献茶”；有客来，要敬“元宝茶”；长辈出远门时献茶；拜师时也要献茶……

日本也有献茶的民俗。十六世纪末日本封建领主丰臣秀吉在近江国伊吹山打猎的时候，到米原观音寺小憩喝茶，当时石田三成还是寺里出家的小沙

温庭筠

选自《晚笑堂竹庄画传》。上官周著绘。温庭筠，又名岐，字飞卿，太原祁（今山西祁县）人。花间派词人。精通音律，词风浓绮艳丽。当时与李商隐、段成式文笔齐名，号称『三十六体』。由于形貌奇丑，因号『温钟馗』。晚唐考试律赋，八韵一篇，温叉手一吟便成一韵，八叉八韵即告完稿，故时人亦称为『温八叉』。温庭筠生性傲慢，喜讥讽权贵，在政治上郁郁不得志，屡试进士不第，官仅至国子监助教。温庭筠喜好品茶，曾著《采茶录》一书。他的《西陵道士茶歌》就是一首品茶诗，诗写西陵道士在山洞里饮茶读《黄庭经》，神思更接近仙界的情形。

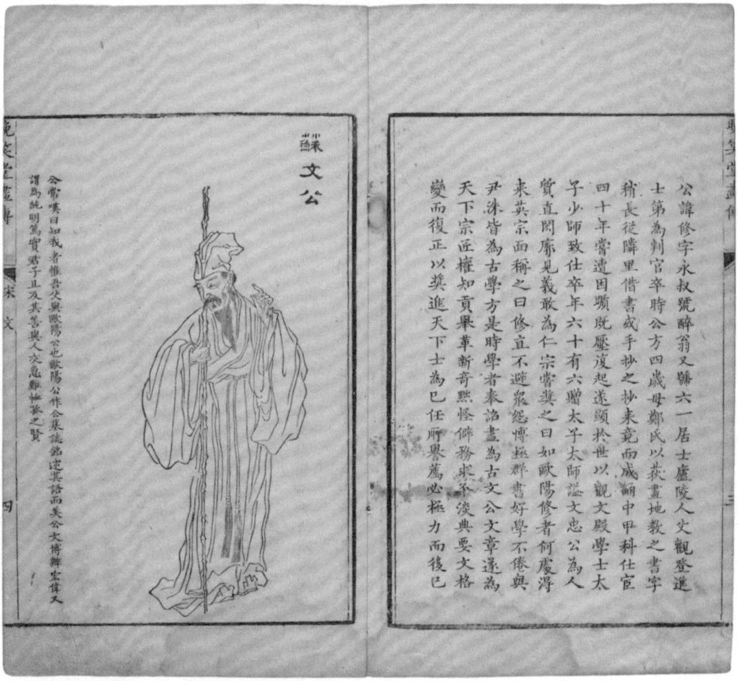

弥。三成第一次献上一大碗温茶，接着用一个小点的碗献上一碗稍微热些的茶，最后用小茶碗献上热茶。让丰臣秀吉先用温茶解渴，然后慢慢品味热茶。丰臣秀吉被三成小小年纪便有这般智慧折服，于是招募其成为自己的家臣。这便是有名的“三献茶”。这个故事与中国白族“三道茶”中的“头苦、二甜、三回味”相似。

随着茶的流行，茶具也发展迅速。茶具在古代亦称茶器或茗器。西

采茶歌

年画，大英博物馆藏。采茶歌在赣南山区尤为盛行，其演唱形式比较简单，先是一人干唱，无伴奏，后来发展成为以竹击节、一唱众和的『十二月采茶歌』的联唱形式，这便是将采茶歌引入庭院户室演唱的开始。『十二月采茶歌』主要有三种形式：一是『顺采茶』，从正月唱到十二月；二是『倒采茶』，从十二月唱到正月；三是『四季茶』，则唱一年的春夏秋冬。演唱时，舞者口唱『茶歌』，手提『茶篮』作道具，载歌载舞，从而形成具有独特风格的采茶灯，俗称『茶篮灯』。后来，这种表演已不局限于表现『茶』，而出现了大批生活小戏，便成了『采茶戏』。

苏文定公

选自《晚笑堂竹庄画传》。上官周著绘。苏辙，字子由，一字同叔，晚年自号颍滨遗老，眉州眉山（今四川眉山市）人。苏洵之子、苏轼之弟。苏家父子三人，均在『唐宋八大家』之列，人称『三苏』，苏辙则是『小苏』。嘉祐二年（1057），年方十九岁的苏辙与兄苏轼同登进士，轰动京师，不久母丧，返乡服孝。嘉祐六年（1061）兄弟二人又同举制科。崇宁三年（1104），隐居许州（今河南省许昌市）颍水之滨，自号颍滨遗老，读书学禅度日。作有《和子瞻煎茶》：『年来病懒百不堪，未废饮食求芳甘。煎茶旧法出西蜀，水声火候犹能谙。相传煎茶只煎水，茶性仍存偏有味。君不见，闽中茶品天下高，倾身事茶不知劳。又不见，北方俚人茗饮无不有，盐酪椒姜夸满口。我今倦游思故乡，不学南方与北方。铜铛得火蚯蚓叫，匙脚旋转秋萤光。何时茅檐归去炙背读文字，遗儿折取枯竹女煎汤。』

武士护甲

日本镰仓时代。丰臣秀吉因侍奉织田信长而崛起，自室町幕府瓦解后再火统一日本。石田三成为丰臣政权的五奉行之一（奉行是日本平安时代至江户时代期间的一种官职。丰臣秀吉当权时，其下设有多种奉行，负责佐理政务，其中有五位奉行特别重要，相当于丰臣秀吉的特任政务官，一般合称五奉行）。丰臣秀吉经常举办茶会，最著名的是北野大茶会。这个茶会举办十天，只要热爱茶道，无论武士、商人、农民，只需携茶釜（茶具一种，煮水的壶）一只、水瓶一个、饮料一种，即可参加。在秀吉的茶会上，众大名互相传递茶碗饮茶，日本越前国敦贺城城主大谷吉继脸上的流脓滴入茶碗，别的大名感到恶心都不饮大谷拿过的茶碗，只有石田三成毫不介意，将茶一饮而尽，两人后来成了过命好友。大谷吉继后来出兵协助德川家康，被石田三成劝说，反而举兵与德川家康对抗，失败后剖腹自尽。大谷吉继留下遗言说：『重友情，六道轮回先行一步又何妨！』

唐代茶碗

从上图陆羽所著《茶经》的插图中便可以看出，唐代饮的是饼茶，饮用时需经过炙、碾、箩三道工序。因为茶饼在存放中会吸潮，烤干了才能逼出茶香，炙时就要用夹子夹住饼茶，尽量靠近炉火，时时翻转，到水气烤干为止。烤干后，用碾将饼茶碾碎，将碎茶末用筛子过箩后才能煮用。唐代茶具主要有碗、瓯（中唐时期一种体积较小的茶盏）、执壶、杯、釜、罐、盏、盏托、茶碾等。我们特意从纽约大都会艺术博物馆藏挑选一组唐代茶碗供大家欣赏。

瓷釉茶碗
直径10.8 cm

瓷釉茶碗
5.4×20.3 cm

花鸟釉茶碗
直径14 cm

汉辞赋家王褒《僮约》中有“烹茶尽具，酺已盖藏”之说。最早的茶壶使用金、银、玉等材料制成。陕西省扶风县法门寺博物馆保存着一套完整的唐朝皇帝用的纯金茶具。据唐文学家皮日休《茶具十咏》的记载，茶具种类有“茶坞、茶人、茶笋、茶籝、茶舍、茶灶、茶焙、茶鼎、茶瓯、煮茶”。其中“茶坞”是指种茶的凹地，“茶人”指采茶者。这些已经不单纯是茶具了。皮日休此处已经不单指茶壶、茶杯，他所说的茶具包括了采茶、制茶、贮茶、饮茶等所有环节。宋朝的《茶具图赞》列出了十二种茶具。明太祖第十七子朱权所著的《茶谱》中列出十种茶具，即茶炉、茶灶、茶磨、茶碾、茶罗、茶架、茶匙、茶筅、茶瓯、茶瓶。茶具随着饮茶方式的改变也在变化，明代以后，逐渐成为现在的样子。

琉璃釉茶碗（瑶州制）
4.4×15.2 cm

五代茶碗
直径27 cm

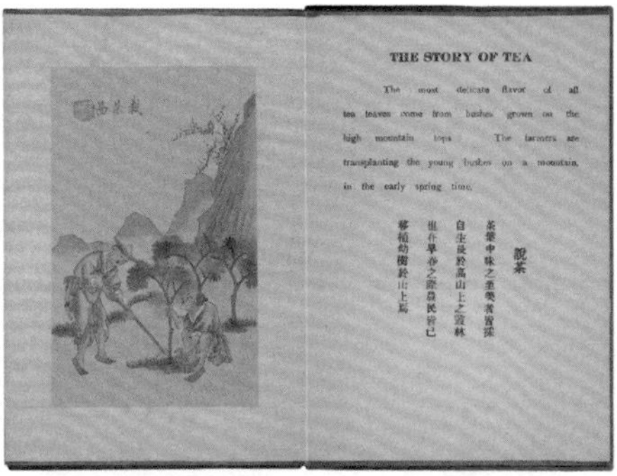

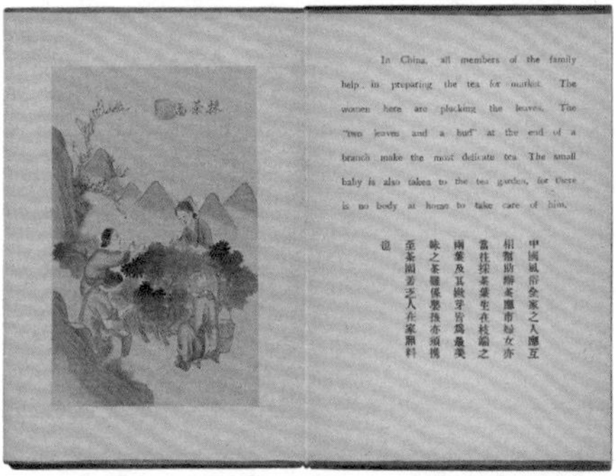

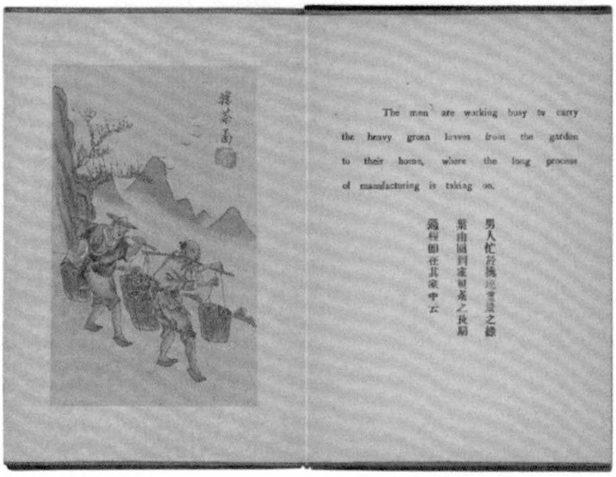

《茶景全图》

清末民初彩绘本。书中说明清末民初时期茶叶采摘和制作流程。值得一说的是，此时关于茶叶制作的方式已经与宋代完全不同。

The girls are sorting the small tender leaves from the larger and coarser ones. It is tiresome work, but the social occasion of compensation, afforded is not little

女子揀茶之責卽由粗大
之茶葉中選出柔嫩而已
事雖煩勞但就社會情形
所得之酬報亦不為少焉

The sorted leaves are pott he on large bamboo trays, placed in the sunshine, and then the long drying process begins. Both "green" and "black" tea are made from the same leaves; only the drying process is different.

所選之茶葉放諸大竹筐
置諸於烈日之下而開始
長期曬乾之法也綠茶紅
茶皆為同樣之茶葉所製
成其所以異者卽曬工之
不同也

The tea boxes are used for packing tea preparatory to shipping. Once again the tea is gently roasted, and while still warm it is placed into lead packing boxes, which are then sealed airtight. In such containers it can be shi ped to an, part of the world without los, of it's flavor.

箱以裝茶備舟載運茶葉
再稍輕焙仍須溫煖安放
諸錫內然後封固勿使通
風照此裝法運往世界各
地不致芬香失味

After the first drying, the leaves are
[?]d through a coarse bamboo sieve to
[?]ve all the loose stems and broken bits

茶葉經首次晒乾後則用
一粗竹篩篩之以便撤除
一切粗梗與雜屑焉

The roasted leaves are put through a fanning mill which cleans and grades them. The broken pieces are later made into "brick" tea.

茶葉焙後投入一篩揚機
藉以潔淨評定等級其餘
茶屑終可製爲茶磚云

This shows the roasting process
[?]ich largely determines the quality of the
[?]ished tea leaves. Under each basket is
[?] small charcoal brazier. The upper part
[?] the basket contains the tea leaves,
[?]parated from the fire below by a bamboo
[?]tom.

此圖說明焙茶之方法藉
可鮮細斷定製後茶葉之
品質每個簍之下面放一
小炭盆上面則盛以茶葉
上下相隔者爲一竹坪云

The scented tea of Foochow is famous for it's delicate flavor. Fragrant jasmine flower buds are mixed with the tea leaves, and then they are gently roasted together, imparting an exquisite flavor to the whole.

福州花茶芬馥馳名法以
含苞茉莉混合茶葉經輕
焙後芬香之味遂遍及全
部云

These men carry the boxes of tea
[?] the factory to the boat which will
[?] them "outside".

此數人擡運箱茶由廠到
舟俾得啟運外地焉

Boxes of tea being loaded on board a ship are transported to differeut parts of China. Fifty percent of the world tea production is in China, but only a small amount of it is exported.

箱茶裝載船上運往中國
各地查世界茶額之半數
皆產自中國但輸出數量
甚微云

采茶样

【原文】

五、明采茶样[1]

《茶经》[2] 曰：雨下不采，虽不雨而亦有云，不采，不焙，不蒸。(用力弱故也。)

【注释】

[1] 样：样范，规范。

[2] 雨下不采，虽不雨而亦有云，不采，不焙，不蒸：《茶经》原文是："其日有雨不采，晴有云不采。晴，采之，蒸之，捣之，拍之，焙之，穿之，封之，茶之干矣。"《太平御览》卷867《饮食部》："陆羽《茶经》曰：……其日雨不采，晴有云不采。蒸，拍，焙，穿，封，干矣。"

【译文】

五、了解采茶的要求

《茶经》说：下雨的时候不采茶，晴天有云也不采、不焙、不蒸。(荣西点评：这是由于此时的茶味较弱的缘故。)

【导读】

这一节紧接上节，说的是采茶应注意天气情况。宋人对采茶条件的要求极高。首先是对时令气候的要求，即“阴不至于冻、晴不至于暄”的初春“薄寒气候”；其次是对采茶当日时刻的要求，宋徽宗赵佶《大观茶论》说：“撷茶以黎明，见日则止。”《北苑别录》载：“采茶之法须是侵晨，不可见日。晨则夜露未晞，茶芽肥润；见日则为阳气所薄，使芽之膏腴内耗，至受水而不鲜明。”陆羽提出生长在肥沃土壤里的粗壮新梢长到四五寸长时，就可采摘，而生长在土壤瘠薄、草木丛中的细弱新梢，有萌发三枝、四枝、五枝的，可选择其中长得挺秀的采摘。唐代饼茶的制造过程是：蒸茶、解块、捣茶、装模、拍压、出模、列茶、晾干、穿孔、解茶、贯茶、烘焙、成穿、封茶。宋代的采制方法是：采茶、拣茶、蒸茶、洗茶、榨茶、搓揉、再榨茶再搓揉反复数次、研茶、压模（造茶）、焙茶、过沸汤、再焙茶过沸汤反复数次、烟焙、过汤出色、晾干。荣西禅师讲的是宋时茶的采制方法，至明代后，采摘后的茶叶搓、揉、炒、焙都与今天相差无几，整个饮茶方式也完全相同。

荣西禅师入宋之前，留学僧南浦绍明将中国的径山茶宴带回日本，成为日本茶道的起源。《类聚名物考》记载：“茶宴之起，正元年中（1259），驻前国崇福寺开山南浦绍明，入唐时宋世也，到径山寺谒虚堂，而传其法而皈。”径山寺位于杭州城西北约五十公里处，初建于唐代，南宋时规模庞大，有僧

山茶花 日本江户时代，古波顺曼绘。

准备茶的年轻女子 日本昭和时期，三木遂赞绘。

一千七百余。径山寺茶宴在南宋时非常讲究，包括张茶榜、击茶鼓、恭请入堂、上香礼佛、煎汤点茶、行盏分茶、说偈吃茶、谢茶退堂等十多道仪式程序。中国径山茶宴进入日本之后，日本根据自己的民族特点，进一步发展成日本茶道。最著名的是千宗旦之子所创设的三个流派：表千家流的不审庵、里千家流的今日庵以及武者小路千家流的官休庵，合称三千家。

日本茶道文化发展到今天已有一套固定的规则和复杂的程序和仪式。与中国现在的茶道相比，日本仪式的规则更严格。如入茶室前要净手，进茶室

千宗旦

选自《肖像集》。日本，栗原信充绘。千家三代宗旦流（三千家）的祖先。十岁时，千宗旦因祖父千利休的期望而作为乞食托付给大德寺。自千利休在丰臣秀吉的命令下剖腹自杀之后，千家流派便趋于消沉。直到千利休之孙千宗旦时期才再度兴旺起来，因此千宗旦被称为『千家中兴之祖』。千宗旦晚年隐居之后，千家流派便开始分裂，最终分裂成三大流派，这就是『三千家』的由来。其中『表千家』的始祖为千宗旦的第三子江岭宗左。表千家为贵族阶级服务，他们继承了千利休传下的茶室，保持了正统闲寂茶的风格。千宗旦的小儿子仙叟宗室所创的『里千家』实行平民化，他们继承了千宗旦的隐居所『今日庵』。由于今日庵位于不审庵的内侧，所以不审庵被称为表千家，而今日庵则称为里千家。

要弯腰、脱鞋，以表谦逊和洁净。当然，日本这些都是从中国古代学来的。中国唐宋禅寺中就开始专门设有“茶寮”（日本称为茶室），以供僧人吃茶。中国文人对茶寮的要求更为高雅。明代学者陆树声著有《茶寮记》一书，在文中记叙了自己在适园中建了一座小茶寮，与两位僧人在茶寮里面烹茶品饮，其乐无穷。明代文徵明曾孙文震亨的茶寮很是豪华。在其所著的《长物志》中，对茶寮做出了很详细的定制。“构一斗室，相傍山斋，内设茶具，教一童专主茶役，以供长日清谈，寒宵兀坐。”高濂在《遵生八笺》中谈到茶寮定制：“侧室一斗，相傍书斋，内设茶灶一，茶盏六，茶注二，余一以注热水。茶臼一，拂刷净布各一，炭箱一，火钳一，火箸一，火扇一，火斗一，可烧香饼。茶盘一，茶橐二，当教童子专主茶役，以供长日清谈，寒宵兀坐。”许次纾（《茶疏》作者）的茶寮很简洁，没有茶童，等等。

日本茶道的“茶室”又称“本席”“茶席”，为举行茶道的场所，由茶室本身、水屋、门廊和连接门廊与茶室的雨道（露地）组成，因其外形与日本农家的草庵相同，且只使用土、砂、木、竹、麦千等材料，外表亦不加任何修饰，而又有“茅屋”“空之屋”等称呼。相传在千利休之前，茶室入口是普通的日式拉门，千利休受渔船上船舱启发，将茶室入口改为跪行而入的小入口，规定为用两块半的旧木板拼成，不论何人进入茶室前，都只能躬腰曲膝而入。其意是以身体力行的方式来体验无我的谦卑。茶室分为床间、客、点前、炉踏达等专门区域，室内设置壁龛、地炉和各式木窗，一侧布“水屋”，供备放煮水、沏茶、品茶的器具和清洁用具之用。床间挂名人字画，其旁悬竹制花瓶，瓶中插花，插花品种视四季而有不同。

御茶壶道中

日本，粟田口桂羽绘。图中展示的『御茶壶奉献祭』源于丰臣秀吉举办的北野大茶会。之后，日本每年12月1日在北野天满宫举办『献茶祭』。该年的茶叶采收后会事先封入茶壶中保存，到了此时再将茶壶口开封，故被称之为『口切式』。参与奉献祭仪式的茶师们来自木幡、宇治、菟道、伏见桃山、小仓、八幡、京都、山城等地，皆为宇治茶产地的知名茶师与茶道名门。茶师各自将精选好茶放入大型的茶壶内，将茶壶再装在唐柜里，由两位身穿白装束的青年扛着走，每个地区的役夫前方还会安排一位穿着『茶娘』。随从多达一百余人，将唐柜运往北里天满宫之后，由神官在神前行过祓禊，将茶壶上贴着的封条切开，取出放在里面的各种茶叶供奉在神前，之后开始茶会。

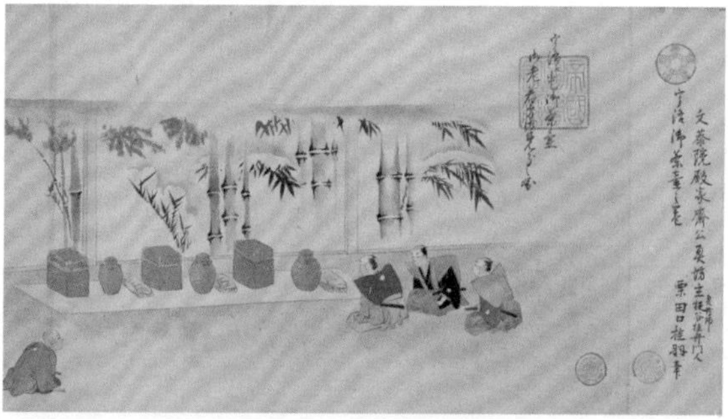

茶会

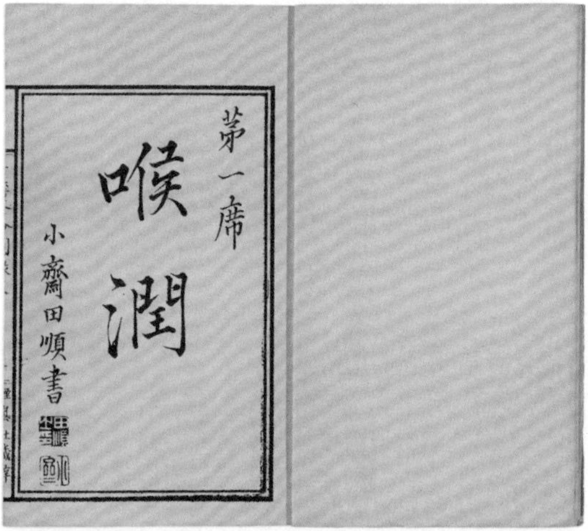

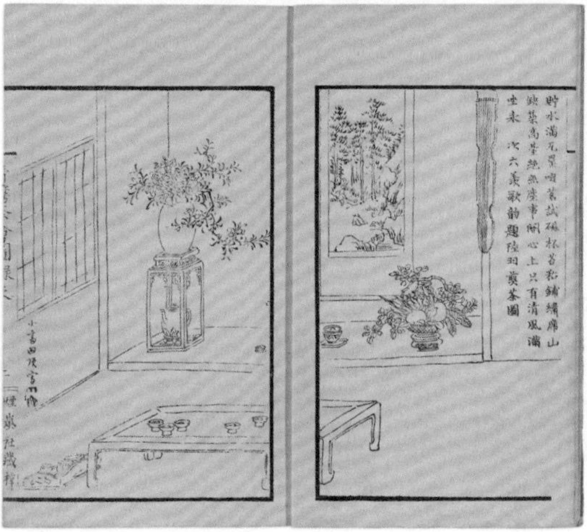

《青湾茶会图录》插图。日本明治时期开始出现大型茶会，会上设有十至数十个会场茶宴。茶席上装饰着各种各样的煎茶用具，初期仅展览一些书画，渐渐地展览内容扩展到了古铜器、陶瓷器、盆栽等。茶会之前，主人要首先确定主客，之后再确定陪客。客人的主次确定之后，便开始忙碌准备茶会。一般茶会的时间为四个小时，分为淡茶会（简单茶会）和正式茶会两种，正式茶会还分为『初座』和『后座』两部分。客人提前到达之后，在茶庭的草棚中坐下来观赏茶庭并体会主人的用心，然后入茶室就座，这叫『初座』。之后主人送上茶食，吃完后，客人到茶庭休息，此为『中立』。之后再次入茶室，这才是『后座』。图为明治时期著名的绘画大师田能村直入举行的大陂青湾茶会。他在《青湾茶会图录》的序文中说，此茶会是为了纪念日本煎茶始祖卖茶翁高游外谢世一百周年而举行的。

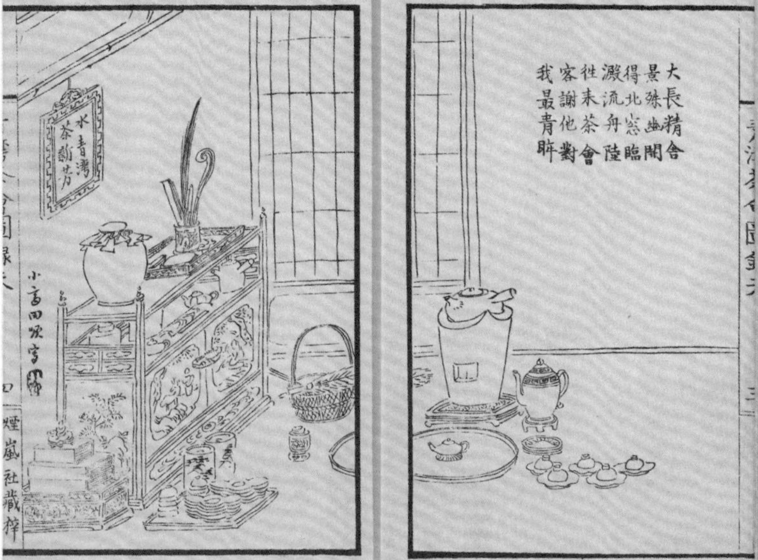
水青湾
茶韻芳
大長精舍
景殊幽閒
得北窓臨
濺流舟陸
往来茶會
客謝他對
我最青睞
煙嵐社藏梓

第二席

破悶

先生図並題

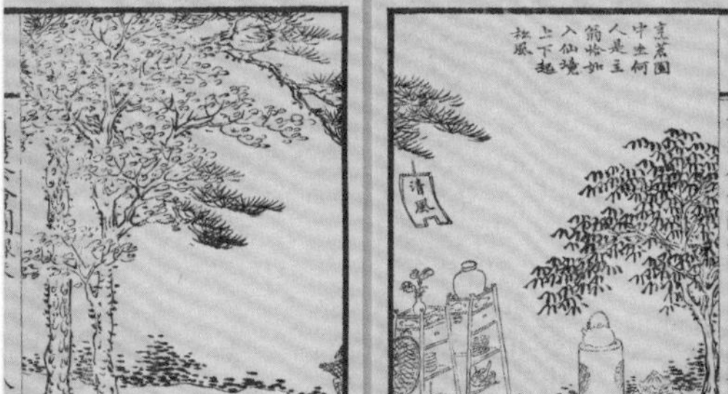
烹茶圖
中坐何
人是主
翁恰如
入仙境
上下起
松風
清風
煙嵐社藏梓

第三席 搜腸

真沙庵大撅寫書

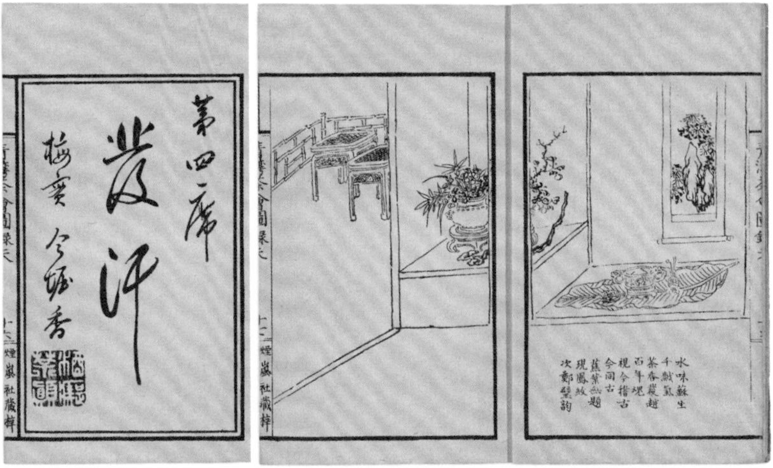
第四席
十二
煙嵐社藏梓
水味蘇生千載氣
茶香蔑趙百年𩲸
視今猶古今同古
蕉葉無題現鳳紋
次鄭璧韵

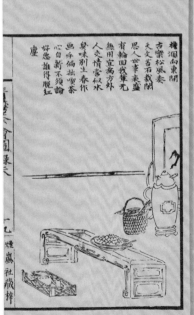

次章載道韵三律
長堤花已盡嫩綠亦清奇騷眼頭々轉遊情步步移心亦灣水淵與窮荃迷滋相見四東客新知又舊知雲影浮池去山光穿樹来庭幽臨北檻
檐洞向東開古樂松風奏天文苔石裁閑思人世事衰盛有輪囬我筆元無用宜為方外人交情常似水臭味别生春作画手倆拙喫茶心自新不須論好惡誰得脱紅塵
十九
煙嵐社藏梓

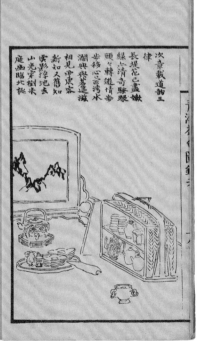

爐屏　黑漆嚮川石面。倍曰大理石
席　紋擢輸一幅方丈餘
煙盆　湘竹。附古青花磁火爐。青竹唾壺

此圖有別室景致可愛室有利休居士所愛赤松木柱居士爲點茶之祖而爲豐公所寵此灣之名始於公則今日集會居士亦當含咲於地下矣近世點茶家有謂煎茶者爲茶家亦有謂

點茶者皆未解茶中眞味者也余聞茶之技原出於禪々者以萬方歸一爲宗豈有好惡之義乎余亦好點茶而今日所以設此筵者卽丁遊外翁百年忌辰故也他日從居士忌辰則又當有設點茶筵者偶有餘白因作別室圖併識所思

淨几踈簾悉適
茶滿堂器玩自
無瑕壁懸畫案
敍先夏架置蹟
梅實當花幽味
依稀禪老室風
光彷彿野人家
林園築得趣殊
好止水假山準
足誇

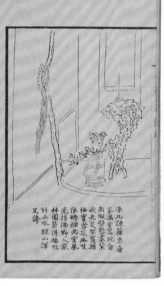

整得遊郎在
水准一杯甘
露滋芳香
茗香轉小山
句夏日人永
酒當茶

茶汗雨帶
澤々秋游
蓉田居士

雅客連綿吾堂
渥制連水德壺
挑如有私樹
富新黄又懷稽
花瓣蒼枝世上
開間明楊楼宴
汝敬簾后思
清和時所成
情便見清風
如情東茶的
次以東茶的

第五席
肌清
杭洲高松敬書

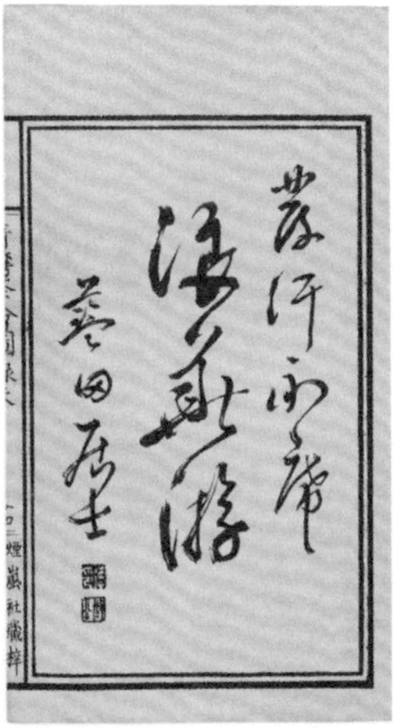

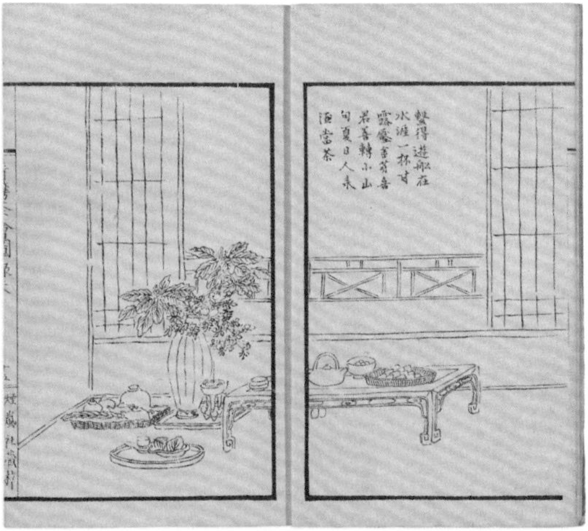

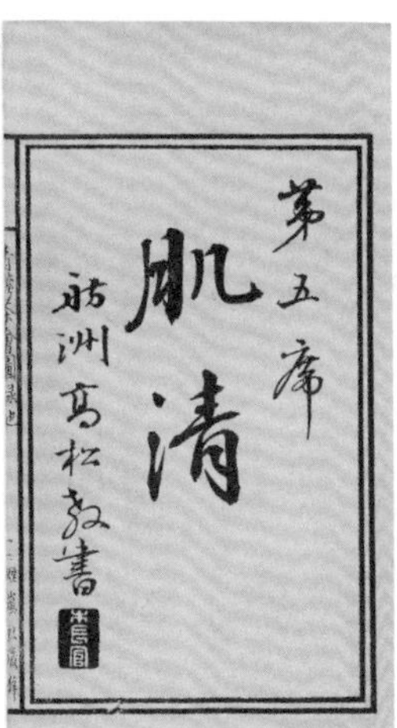

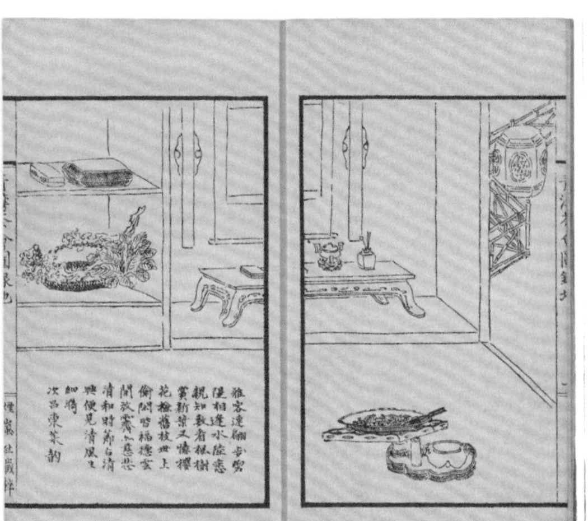

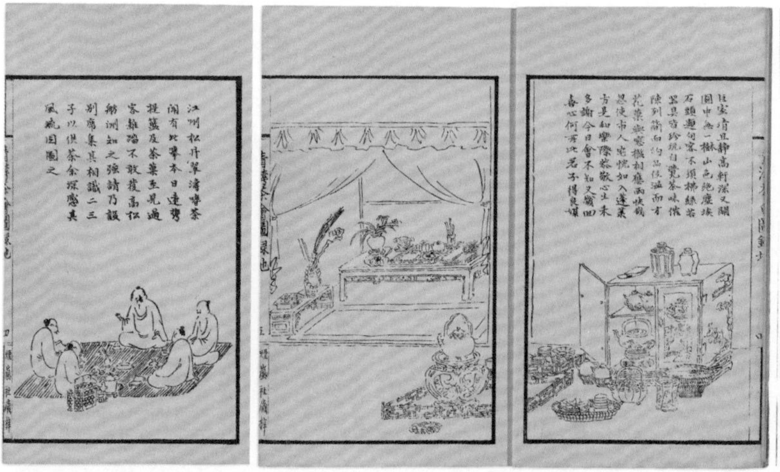

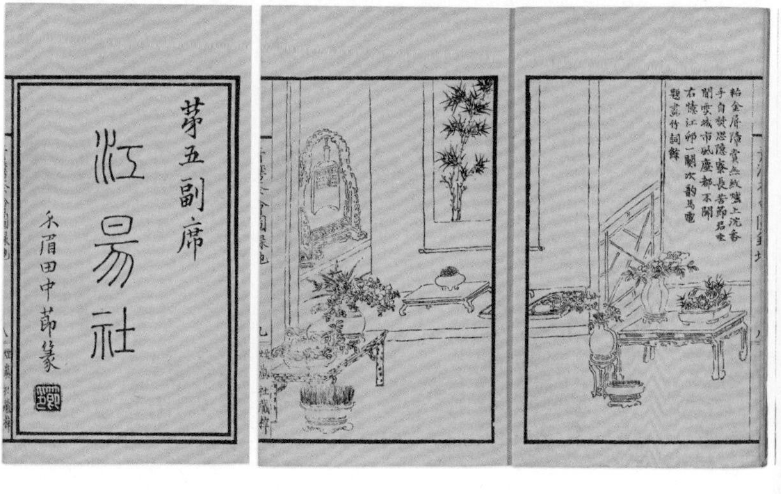
茅五副席
江易社
禾眉田中萠篆

玉石磁銅布置清幽

呈紅助綠盡得風流

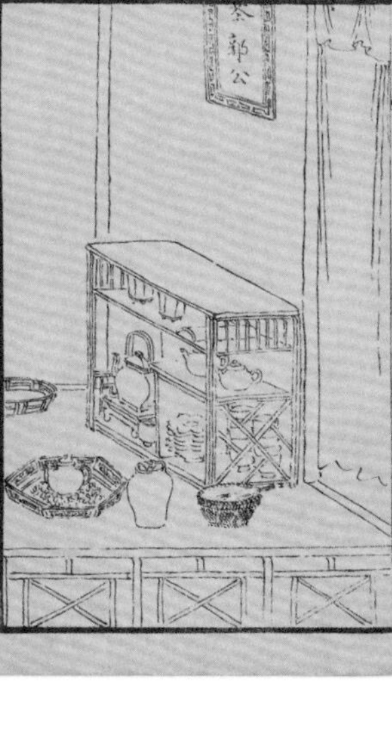

一叠共樓意豁然地在野
外市太便遠望諸山近臨
川四面風光滿欄前北對
比叡愛宕巔東見生駒二
子煙南面金城加雲連西
迎淡嶼波接天朝觀河內
萬頃田夕總淀江上下舩
傍有清灣甘香泉時引高
人活火烹石鼎煙生滿著
進著進恰似在天邊或疑
身是化攜仙恍如乘鶴遊
坤乾誰道茶味本同禪我
言茶味近任顯一喫忽通
玄外玄不知妙法阿誰傳

第六席
通仙
煙嵐社藏梓

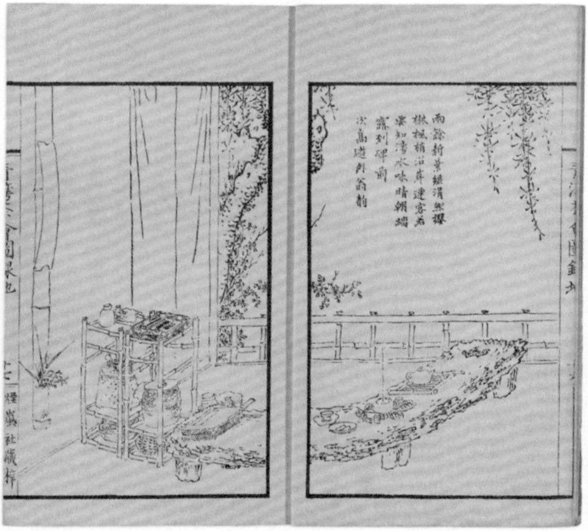
煙嵐社藏梓

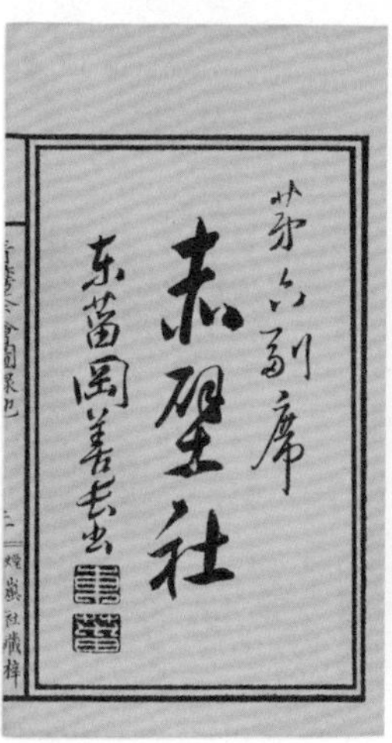
第六副席
赤壁社
煙嵐社藏梓

四面無塵機自
休大船艤得延
中流謡將旗號
人皆説便是今
年壬戌秋
煙嵐社藏梓

第七席
風生
煙巖社藏梓

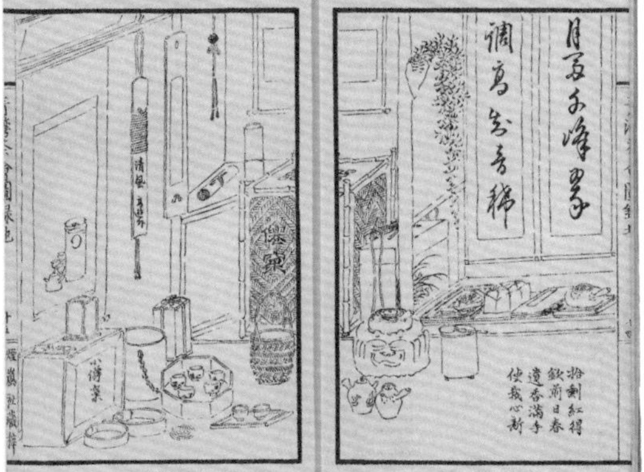
拾劍紅得
欽前日春
遺香滿手
使我心新
煙巖社藏梓

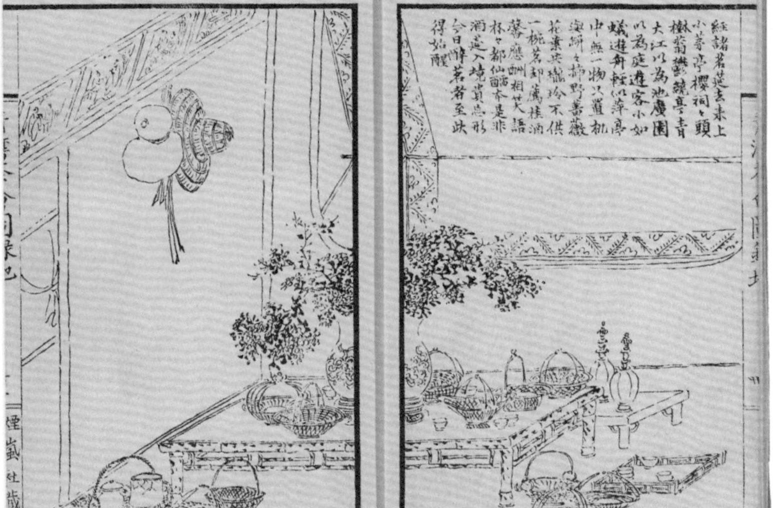
經諸君莛去來上
小著亭櫻祠々頭
樹翁鬱饒亭青
大江以爲池廣園
以爲庭遊客小如
蟻遊舟輕似萍亭
中無一物只置机
與蟀々歸野薔薇
花叢英纖玲不供
一桃茗卻薦桂酒
馨應酬相共語
杯々都仙酒本是非
酒莛入境貴忘形
今日嗜茗者至此
得始醒
煙巖社藏梓

焙炒茶叶

【原文】

六、明茶调样

见宋朝焙茶样，朝采即蒸，即焙。懈倦怠慢之者，不为事也。其调火也，焙棚敷纸，纸不焦样。工夫焙之，不缓不急，竟夜不眠，夜内焙毕，即盛好缾[1]，以竹叶坚封缾口，不令风入内，则经年岁而不损矣。

【注释】

[1] 缾：瓶。

【译文】

六、了解茶的制作过程

曾见过宋朝焙炒茶叶的状况。早晨采茶，马上就蒸，然后焙炒。懈倦怠慢是办不成事的。焙茶架上铺着纸，以不把纸烤焦为度。焙炒很讲究，不慢不急，整夜不睡，夜里焙炒完毕，随即盛入上好的瓶子里，用竹叶密封瓶口，不让风进入，这样几年也不会变质。

【导读】

这一节是讲茶叶的炒制过程。焙茶又称制茶(炒茶)，即用温火烘茶，作用是再次清除茶叶中的水分，以便更好地保藏贮存。这是古人采用的寓贮于焙、既贮又焙的科学制茶方法。《茶经》中曾谈到唐代烘焙茶叶的工具叫“育”，“以木制之，以竹编之，以纸糊之”。

焙茶必用文火煨，使茶饼常温，这样水分逐渐蒸发而茶叶的色、香、味俱在。宋代焙茶又称“过黄”，用炭火，因其火力通彻，又无火焰，这样可以避免烟气侵损茶味。焙茶的工具称“茶焙”，用竹编制成，外面裹以竹叶，其形状和唐时的“育”大致相同。

这里，我们详细讲一下宋代制茶的情景。首先是拣茶，就是对摘下的鲜叶进行分拣，拣过的茶叶再三洗濯干净之后，就进行蒸茶。宋人特别讲究蒸茶的火候，既不能蒸不熟，也不能蒸得太熟，因为不熟与过熟都会影响点试时茶汤的颜色。接着要研茶，就是将茶经过加水研磨反复加工变成粉末状，所以称之为“研膏”。加水，研磨至水干，称为一水，然后再加水，再研磨。磨好后，就开始造茶，将研好的茶粉入棬模制造茶饼，棬模用铜、竹、银等不同材料制成。茶饼做好后才开始焙茶，参考上面的内容。焙好后，将焙干之饼过沸水出色后置密室，急以扇扇之，则色泽显自然光莹。这是“抹茶”的制作方法。抹茶有“薄茶”和“浓茶”之分。“薄茶”所用茶树树龄

抹茶席饰

选自《旧仪装饰十六式图谱》。日本，猪熊浅麿著。抹茶是用天然石磨碾磨成微粉状的、覆盖的、蒸青的绿茶。源于中国隋朝，兴起于唐朝，鼎盛于宋朝。根据《茶经》记载分析整理，煮茶的步骤为：先备茶，之后，用竹夹将茶饼放在火上烘烤，然后碾成茶末，用箩筛选后，然后在称为『鍑』的锅中煮沸茶水，再放入粉末状的茶。第一道沸腾的水中，还要加入盐；第二道水开后，舀出一勺置于一边；第三道沸水开，将二道沸水倒入，用以培育汤花。这时，茶便好了，开始分茶。宋朝时，改煎茶为点茶，就是滴注的意思。汤为沸水，将茶末置入茶具，以茶瓶注汤点缀。北宋杭州高僧谦师就是一位点茶高手，有『点茶三昧手』的功夫。苏东坡每次拜谒谦师，谦师总要取出珍藏的上等好茶，精心地碾成茶末，再细心调成茶膏，然后一边注水，一边击拂，以娴熟和谐的动作和快慢有序的节奏旋转打击，煮水烹茶。转眼之间，茶盏中的茶汤乳雾涌起，汤花紧贴盏壁，咬盏不散，一盏色泽鲜白的美味茶汤就呈现在眼前。唐宋流行斗茶，操作过程非常讲究，大致可分调膏、煎水和点茶三步，最后进行色香味的综合评比。其中沫花还会有图案，以美为胜。宋朝斗茶时，对注汤很是节制，注入六分时，用茶筅击拂搅匀，便出现汤花。茶末与汤分开时，出现水痕，便输了。图为市井斗茶情形，从图中我们可以领略当时斗茶的风采。

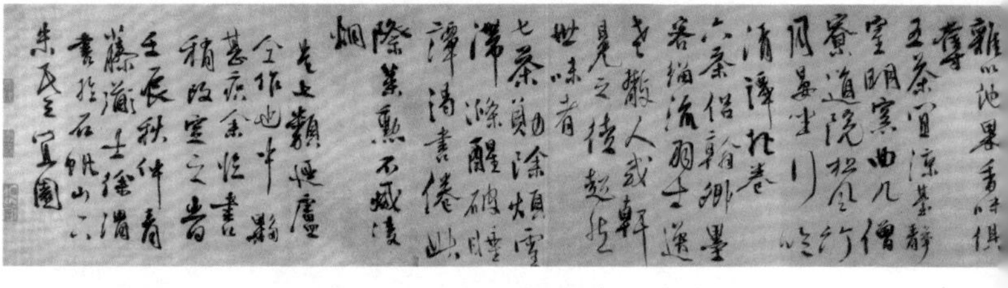

《煎茶七类卷》

行草，徐渭书，北京荣宝斋藏。徐渭是『越中十子』之一（其他人为：萧勉、陈鹤、杨珂、朱公节、沈炼、钱鞭、姚林、诸大绶、吕光升）。《煎茶七类》刻帖的原石现藏于上虞文化馆。此图为《天香楼藏帖》的一部分，共分五帧，每帧31×76厘米，横式。此文共七论，统称『煎茶七类』。

较短，所制之茶一人只能饮用一碗。“浓茶”所用茶树树龄较长，老树最好，取避阳的嫩叶，加工精制而成。

明代后，制茶的方法由抹茶法变为煎茶法。在十七世纪之前，日本茶道多为抹茶流派，十七世纪时，明朝隐元禅师将煎茶引入日本，煎茶道逐渐取代抹茶道的地位，成为文人墨客的嗜好之物。现在，日本生产的茶叶中80%为煎茶。与抹茶道相比，煎茶法简洁而不注重形式，但同样注重“和、敬、清、寂”的饮茶心境。在制作上，日本至今仍保留蒸青制茶的方法。其特点是用高温的蒸汽短时间内将茶叶蒸软停止其发酵，从而可最大限度地保存叶绿素，然后反复地进行烘干、揉捏等工序，制出的茶颜色就非常好看，有赏心悦目之感。

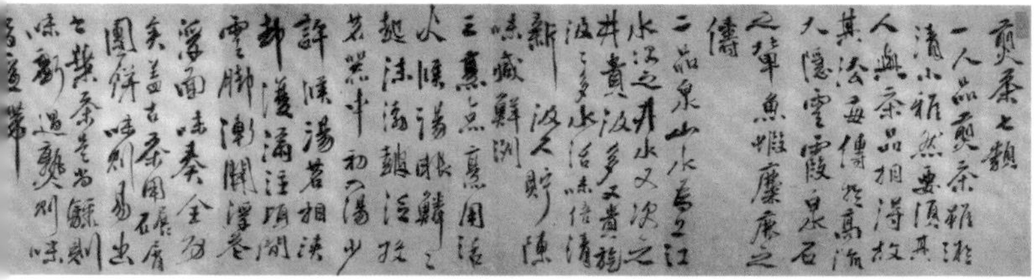

石州流茶汤绘卷物

石州流是江户时代最有代表性和最有影响的大名茶道流派，其风格严肃、庄严，在江户时代茶人辈出。石州流的创始人片桐石州创立了武家茶道的基本礼法体系。比如，举办茶会时，招待客人的主人称作『亭主』，作茶时的手法叫做『点前』等。图中讲述的就是石州流举办茶会的情景。图中展示了整个茶会，主客的行、立、坐、送、接茶、饮茶、观看茶具，甚至擦杯，放置物品和说话等茶道礼仪。

煎茶

选自《煎茶图式》。日本，酒井忠恒绘。煎茶法也叫『陆羽式煎茶法』，专指陆羽在《茶经》中所记载的饮用茶叶的方法。方法源于抹茶的烹煮法。

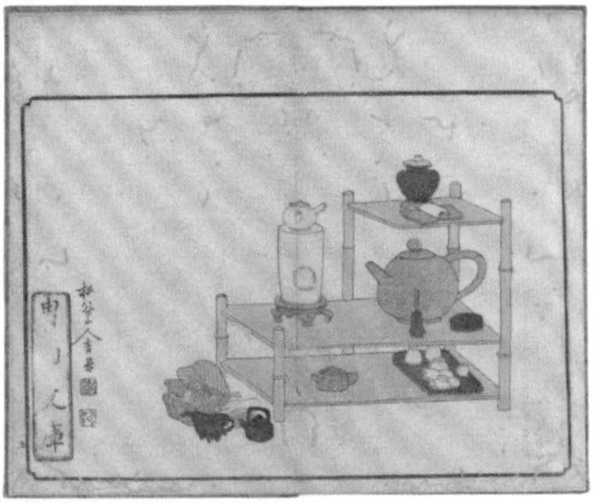

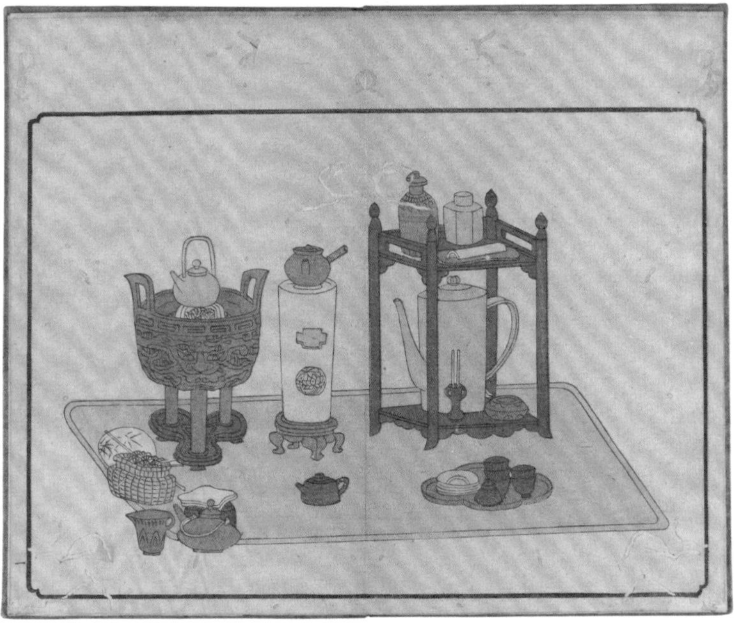

日本制茶

选自《制茶说》。日本，狩野良信著绘。日本茶经荣西与明惠上人等大德高僧们传播之后，至镰仓末期时，日本茶文化发展迅速。根据《异制庭训往来》记录：栂尾茶为第一；御室仁和寺、山科醍醐寺、宇治、南都般若寺、丹波神尾寺列为辅佐；大和室生寺、伊贺服部、伊势河居、骏马清见关、武藏河越的茶，也『皆天下闻名』。室町后期，日本的制茶分两部分。一种是贵族应用的高档茶叶。以宇治茶为代表，其茶青被制成末茶，专供盛行的日本抹茶道使用；一种是民间饮茶粗放的制茶。制茶用料不讲究，大都梗茎叶混用，甚至用镰刀将一尺左右的茶枝割下利用。用开水焯青后，用大席子裹住揉捻，然后摊在日光下晒干。饮用时煎煮茶汁，汤色黄褐，味道苦涩。

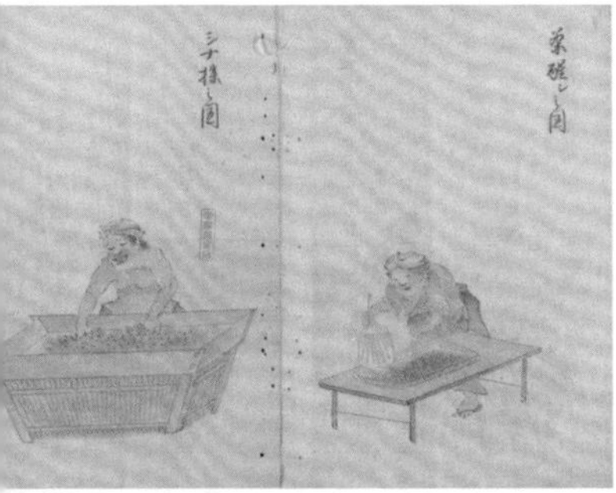

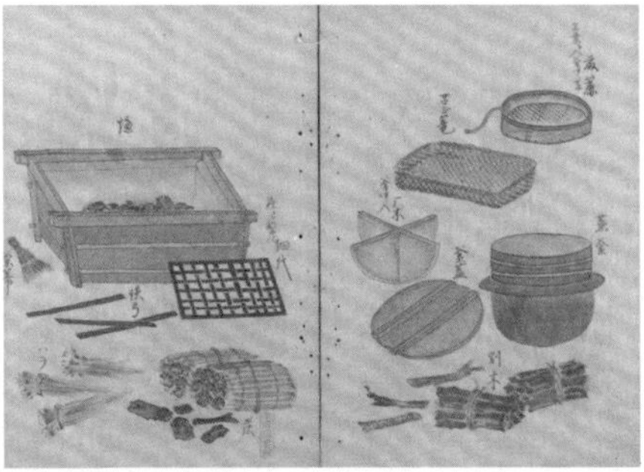

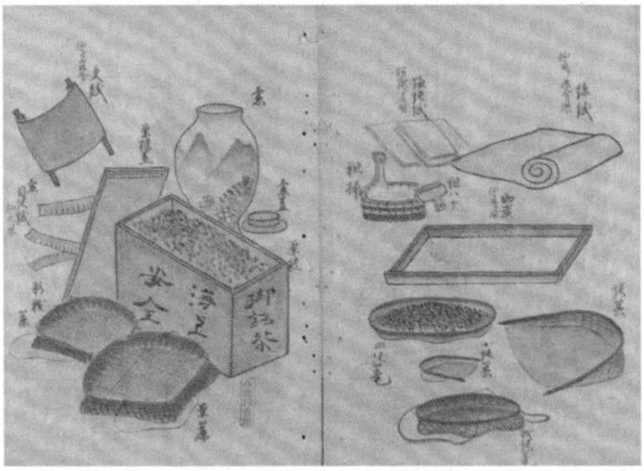

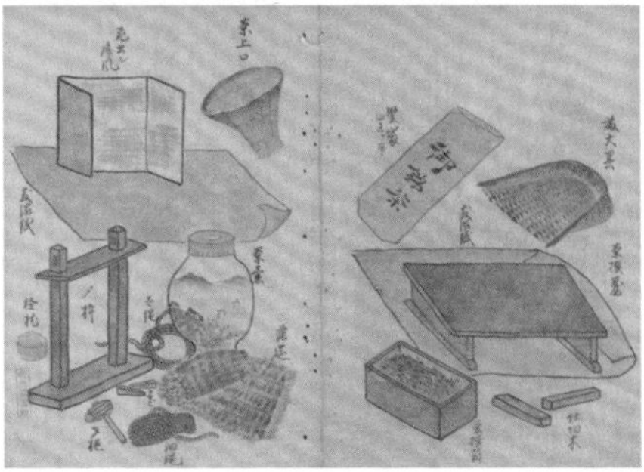

上卷　结束

【原文】

以上末世养生之法如斯。抑我国人不知采茶法，故不用之，反讥曰非药。是则不知茶德之所致也。荣西在唐之日，见其贵重于茶如眼，赐忠臣、施高僧，古今义同。有种种语，不能具书。闻唐医语云：若不吃茶人，失诸药效，不得治病，心脏弱故也。庶几末代良医悉之。

《吃茶记》上卷结束。

【译文】

以上末世养生之法就是这样。大概是因为我国人不知道采茶的方法，所以没有采用吃茶养生的方法，反而讥讽说：茶不是药。这是因为不知道茶德所造成的。荣西过去在中国，见到人们重视茶就像爱护眼睛一样，中国皇帝把茶赐给忠臣，布施给高僧，古今意思相同。关于茶有种种论述，这里不能全部写出来。听中国医生说：人如果不吃茶，各种药都会无效，不能治病，这是因为心脏弱的缘故。希望末代的良医们都知道这一点。

《吃茶记》上卷结束。

【导读】

这一节是荣西以在中国所见所闻来劝导提醒日本国人要多喝茶。上卷的后半部分论述了茶的名字、产地、树形、采茶季节和制茶技术，引用了不少中国古书对茶的记载和诗歌对茶的描述。荣西禅师对《茶经》有很深的研究，在解释“酒渴春深一杯茶”时说：“饮酒则喉干引饮也，其时唯可吃茶，勿饮他汤水等，饮他汤水，必生种种病故也。”值得一说的是，据现代日本学者研究，荣西禅师在上卷《五脏和合门》中引用的文献基本是来自《太平御览》“茗”部条，其中，收录了大量《茶经》中的记载。同时，还有不少关于茶与仙人的传说，比如《神异记》曰：“余姚人虞洪，入山采茗，遇一道士，牵三青牛，引洪至瀑布山，曰：‘予丹丘子也，闻子善具饮，常思见惠，山中有大茗，可以相给，祈子他日有瓯蚁之余，不相遗也。’因立奠祀，后常令家人入山，获大茗焉。”估计这些记载影响了《吃茶养生记》的写作。

五美饮茶图
Teisai Hokuba绘。
江户时代。39.1×52.7 cm

日本茶屋

在荣西禅师的带动下，日本茶道艺术经过不断地演变，历经四百多年，最终成为日本社交中很重要的一种形式。我们特选了一组日本江户时期关于茶屋的浮世绘，供大家欣赏。江户时代，茶屋是贵族武士们吃饭喝茶的娱乐场所，艺妓盛行，在茶屋喝茶与看艺妓表演成为一种时尚的生活方式。

在伊势雅茶屋 IsodaKoryūsai绘。江户时代。6.7×19.1 cm

茶屋内部 Torii Kiyonaga绘。江户时代。38.4×25.4 cm

茶屋女孩和仆人 Kitagawa Utamaro绘。江户时代。35.6×24.1 cm

茶屋的艺妓

Okumura Masanobu绘。江户时代。73.0×13.3 cm

茶屋男女

喜多川歌麿绘。江户时代。

茶屋女服务员

喜多川歌麿绘。江户时代。33×35.6 cm

川崎杨柳桥茶屋
玉川广弘绘。江户时代。23.7×36 cm

横滨茶屋的外国人
玉川吉他绘。江户时代。35.9×24.1 cm

难波屋茶屋

喜多川歌麿绘。江户时代。14.4×24.1 cm

品川茶屋的聚会

Torii Kiyonaga绘。
江户时代。
38.1×51.8 cm

外国人在横浜茶屋观看歌舞

玉川吉他绘。江户时代。36.5×25.1 cm

伊势雅茶屋的艺妓

IsodaKoryūsai绘。江户时代。26.7×19.1 cm

隅田川河畔的茶屋

Chōbunsai Eishi绘。江户时代。38.7×26 cm

卷下

遣除鬼魅门

【原文】

第二，遣除鬼魅门者，《大元帅[1]大将仪轨秘钞》曰：末世人寿百岁时，四众[2]多犯威仪。不顺佛教之时，国土荒乱，百姓亡丧。于时有鬼魅魍魉，乱国土、恼人民，致种种病无治术，医明无知，药方无济，长病疲极无能救者。尔时持此《大元帅大将心咒》念诵者，鬼魅退散，众病忽然除愈。行者[3]深住此观门[4]，修此法者，少加功力，必除病。

复此病，祈三宝[5]，无其验，则人轻佛法不信。临尔之时，大将还念本誓，致佛法之效验，除此病，还兴佛法，特加神验，乃至得果证[6]。以之思之，近年之病相即是也，其相非寒非热、非地水、非火风，是故近医多谬矣。其病相有五种，若左。

【注释】

[1] 大元帅：即“太元帅明王”，密教护法神，为十六药叉大将之一，又作鬼神大将、旷野神，是消除恶兽及水火刀兵等障难、镇护国土与众生之神。

[2] 四众：佛教《法华经》是指比丘（和尚）、比丘尼（尼姑）、优婆塞（居士）、优婆夷（女居士）。

[3] 行者：指出家而未经过剃度的佛教徒，或泛指修行佛道之人。

[4] 观门：教观二门之一，又指六妙门之一。讲的是“观法”，是一种修炼法门。

[5] 三宝：在佛教中，称“佛、法、僧”为三宝，佛宝指圆成佛道的一切诸佛；法宝指佛的一切教法，包括三藏十二部经、八万四千法门；僧宝指依佛教法如实修行、弘扬佛法、度化众生的出家沙门。

[6] 果证：佛教语。依因位之修行，而得果地之证悟也。果与因相对而言，在因位之修行曰因修，依因修而证果地曰果证。

【译文】

第二，遣除鬼魅门，《大元帅大将仪轨秘钞》说：末世的人寿命到一百岁时，四众往往冒犯佛教威仪。不遵从佛教教义的时候，国家就会荒凉动乱，百姓逃亡丧命。此时有鬼魅魍魉，搅乱国家，困扰人民，招致种种疾病，没有治疗方法，医生明显无知，所开的药方也不能治病，没有人能救治久病衰弱至极的人。这时，手持《大元帅大将心咒》念诵，鬼魅就会退却散去，各种疾病很快痊愈。修行者坚持采用这个止观法门进行修炼，稍微增加些功课，必然会除去病痛。再者，为了治这个病而祈请三宝，如果无效，那么人们就会轻视佛法而不信仰。

这时候，观想鬼神大将，念诵这个誓愿，使佛法显效灵验，从而去除此病，以振兴佛法，尤其增加神效，以使修行者得到果证。这样想来，近年来的症结就是这个原因造成的。其症状非寒非热，也与地、水、火、风四大因素无关，所以近年医生照此进行常规医治则多有谬误。上面所说的症状有五种，开列如下。

下卷开始讲用宗教法术等手段来治病。《吃茶养生记》下卷论述了当时日本流行的各种病，如饮水病、中风手足不从心病、不食病、脚气病等。由于各种病的流行，造成国土荒乱，百姓之丧。于是“有鬼魅魍魉乱国土，恼人民，致种种之病”。接着荣西禅师在书中提出关于治疗各种病的方法。在“遣除鬼魅门”中，荣西引用了密宗教典《大元帅大将仪轨秘钞》，说的是乱世多疫病，阐述了桑粥法、桑煎法等。

在佛教中，大元帅明王可以消除恶兽及水火刀兵等障难，是镇护国土与众生之神。日本僧人常晓在唐代将其传到日本，成为日本镇护国家之秘法，称大元帅法，颇为日本台密家所重。

在下卷中，荣西法师不断地提到桑树。据后代学者考证，估计荣西禅师此处所说的“桑树”可能是菩提树。佛教一直都视菩提树为圣树，在印度、斯里兰卡、缅甸各地的丛林寺庙中，普遍栽植菩提树，印度则定之为国树。菩提树在伤口处会分泌出乳汁，可提取硬性橡胶。花可以作为药材入药。

1190年（建久元年），荣西在天台山取道邃法师所栽之菩提树枝，交付商船运回日本，植于筑前国（福冈）香椎神祠。当时荣西说："我国未有此树，先移植一株于本土，以验我传法中兴之效，若树枯槁，则吾道不行。"1195年（建久六年）春分，将菩提树分种于东大寺；1204年（元久元年）再取分枝，种于建仁寺，两处皆繁茂垂荫，迄今依然。

古籍在上千年的辗转流传中，肯定会有讹误佚失现象发生，所以，下面关于以"桑"治病的部分不做"导读与图说"。提醒大家的是，对于药方应当慎重，往往差之毫厘谬以千里，尽量依据可靠的古籍版本，核对出作者的本意。

下篇以治病为主，只有一小节提到饮茶。值得一说的是，在荣西禅师的影响下，日本茶文化蓬勃发展，直至现代，茶屋依然随处可见。

饮水病

【原文】

一曰饮水病[1]。此病起于冷气，若服桑粥[2]，则三五日必有验，永忌薤蒜葱，勿食之矣。鬼病[3]相加，治方无验，以冷气为根源耳。服桑粥，百一无不平复矣。（忌薤以病增故。）

【注释】

[1] 饮水病：即消渴病，是中国传统医学的病名，指以多饮、多尿、多食及消瘦、疲乏、尿甜为主要特征的综合病症，现代称作糖尿病。若做化验检查，其主要特征为高血糖及高尿糖。

[2] 桑粥：即以桑叶或桑葚等煮粥。按《本草纲目》载桑叶等可入药，具有消渴功能。

[3] 鬼病：佛教指鬼魅作祟致人生病。《千手经》说："诵持此神咒者，世间八万四千种鬼病，悉皆治之，无不差者。"

【译文】

一是饮水病（消渴病、糖尿病）。

这个病的产生是源于寒气侵袭，如果服用桑粥，那三五天必有效果。永远戒除薤（小蒜、野蒜）、大蒜、葱等五荤之物，切勿食用。

鬼病侵害，医治无效，搞清病根在于寒气，服用桑粥，百分之百可以康复。

中风病

【原文】

二曰中风，手足不相从心病[1]。

此病近年众矣，亦起于冷气等。以针灸出血、汤治流汗为害，须永却火，忌浴，只如常时。不厌[2]风，不忌食物，漫漫服桑粥桑汤，渐渐平复，百一无厄。若欲沐浴时，煎桑一桶，三五日一度浴之，浴时莫至流汗，若汤气入内，流汗，必成不食病。是第一治方也。冷气、水气、湿气，此三种，治方亦复若斯，尚又加鬼病故也。

【译文】

二是中风病，手足麻痹不听从心脏的指挥。

此病近年来很多，也是源于寒气之类的外因。用针灸治疗会出血，用热水洗浴治疗就流汗，成为病害，因此要永远摒弃火灸，禁止热水浴，只像平常时候一样，不避风，不忌食物，慢慢服用桑粥、桑汤，渐渐就会康复，百无一害。假若想洗浴，可煎煮一桶桑叶熬的汤，三五天洗一次，注意洗浴时不要导致流汗，如果汤药之气进入体内，出了汗，那就必然要得不食之病。这是最好的治疗方法。寒气、水气、湿气，这三种外因治病的对症疗法都是这样处理，再加上"鬼病"的治法也是这样。

【注释】

[1] 手足不相从心病：古人认为"心之官则思"，以为心脏具有思考和指挥的功能，因此说手足麻痹就是手足不服从心脏的指挥。

[2] 厌：驱避。古代中国有"厌胜之术"，是用法术诅咒或祈祷以达到制胜所厌恶的人、物或魔怪的目的。

不食病

【原文】

三曰不食病[1]。

此病复起于冷气，好浴、流汗，向火为厄，夏冬同以凉身为妙术。又服桑粥汤，渐渐平愈。若欲急差[2]，负治汤治，弥弱[3]，无平复矣。

【注释】

[1] 不食病：即厌食症。

[2] 差：同“瘥（chài）”，疾病好转。

[3] 灸治汤治，弥弱，无平复矣：此句竹苞楼本无，从别本补。

【译文】

三是厌食症。

这病还是起于寒气，喜热浴、流汗，烤火则有危险。治疗此病，不管是夏季还是冬季，都要设法使身体凉爽为好。再服用桑粥、桑汤，疾病就会慢慢痊愈。如果急于求成，用灸法或者热水治疗，不但会使身体更加虚弱，病也永远治不好了。

源于冷气

【原文】

以上三种病皆发于冷气，治方是同。末代多是鬼魅所著，故用桑耳。

桑下鬼类不来，又仙药上首[1]也，勿疑矣。

【注释】

[1] 仙药上首：古人认为桑树有神奇功能，因此将桑列为仙药的上等品类。

【译文】

以上三种病都是源于寒气，所以治疗的方法才会基本相同。末世多是鬼魅附体所致，因此用桑来祛除。桑树之下鬼魅是不敢过来的，桑又是上等仙药，不用怀疑它的功效。

疮病

【原文】

四曰疮病。

近年此病发于水气等杂热，非疔非痈，然人不识而多误，治方但自冷气发，故大小疮皆不负[1]火。由此人皆疑为恶疮。灸则得火毒即肿增，火毒无能治者，大黄、水寒石[2]，寒为厄，因灸弥肿，因寒弥增，宜斟酌矣。若疮出，则不问强软，不知善恶，牛膝[3]根捣绞，绞汁傅[4]疮，干复傅，则傍不肿，熟破无事，脓出，则贴楸叶[5]，恶毒之汁皆出。世人用车前草[6]，尤非也。思之服桑粥、桑汤、五香煎[7]。若强须灸，宜依方：谓初见疮时，蒜横截，厚如钱，贴之疮上，固艾如小豆大，灸之，蒜焦可替，不破皮肉，及一百壮[8]即萎。火气不彻，必有验矣。灸后傅牛膝汁，贴楸叶，不可用车前草。芭蕉根[9]，亦有神效。

【注释】

[1] 负：害怕、畏惧。

[2] 大黄、水寒石：大黄，一种中药材，蓼科大黄属的多年生植物，根状茎及根供药用，有清湿热、泻火、凉血、祛瘀、解毒等功效。“水寒石”疑是“寒水石”，石膏的别名，是一种矿石中药材，具有清热泻火的功效。

[3] 牛膝：苋科牛膝属的多年生草本植物，根可入药，补肝肾，强筋骨，活血通经，引火（血）下行，利尿通淋。

[4] 傅：涂敷。

[5] 楸叶：楸树为紫葳科梓树属落叶乔木，据《本草纲目》等医书记载，楸叶具有消肿拔毒、排脓生肌的功效。

[6] 车前草：车前草属多年生草本植物，全草可入药，具有清热利尿、渗湿止泻、明目、祛痰的功效。

[7] 五香煎：据宋代《太平圣惠方》记载，用丁香、沉香、麝

香、木香、藿香、白术、诃黎勒皮、白茯苓、陈橘皮、甘草、黄芪等煎服，可治小儿脾胃久虚，吃食减少，四肢羸瘦。另据宋代《太平惠民和剂局方》记载，“五香散”：木香、沉香、鸡舌香、熏陆香各一两，麝香（别研）三分。上捣箩为末，入麝香研令匀。每服二钱，水一中盏，煎至六分，温服，不拘时候。治咽喉肿痛，诸恶气结塞不通。按本书后面治方“服五香煎法”所列方药来看，“五香煎”应该是“五香散”。

[8] 壮：艾灸时灸灼一次为一壮。

[9] 芭蕉根：芭蕉科植物芭蕉的根茎，具有清热、止渴、利尿、解毒的功效。

【译文】

四是疮病。

近年来这病起于水气之热等杂热，既不是疔疮，也不是毒痈，但是一般人不识此疮而多有误治，所开药方是以寒气致病为病因，故此这些疮不怕“火攻”。正因如此，人们都认为这是一种恶疮。用艾灸则受火毒之伤而肿胀得更厉害，火毒无法治疗，又用大黄、寒水石，但这些性寒之药更会带来麻烦。用艾灸则疮更肿，用寒药则病情更重，一定要注意啊！如果疮发出来，不管疮疱是硬是软，是否恶化，把牛膝根捣烂，布包绞出汁来，涂敷在疮上，干了之后再涂，旁边就不会继续肿，等疮熟了破了，不会有事，脓出来后，则用楸叶贴在疮上，不久恶毒的脓汁就会全被拔出来。一般人用车前草来敷，这样非常不好。记住还要服用桑粥、桑汤、五香散。如果非要用艾灸，应该按照以下方法进行：就是当疮刚出现时，取一个蒜瓣，横切成铜钱厚薄的蒜片，贴到疮上，把艾紧抟成小豆大小，放在蒜片上灸灼，如果蒜焦了可以换一片，这样就不会灼破皮肉，灼大约一百次后，疮就会萎缩，这时虽然火气不会彻底去除，但肯定是有效的。艾灸之后涂敷牛膝汁，贴上楸叶，不能用车前草。另外用芭蕉根也有神奇效果。

脚气病

【原文】

五曰脚气[1]病。

此病发于晚食饱满，入夜而饱饭酒为厄，午后不饱食为治方。是亦服桑粥、桑汤、高良姜、茶，奇特养生妙治也。新渡医书[2]云：患脚气人晨饱食，午后勿饱食。长斋[3]人无脚气，此之谓也。近人万病皆称脚气，可笑！呼病名而不识病治方耳。

【注释】

[1] 脚气：中医所说的脚气病与现在所说的脚气（足癣）不同。晋代葛洪《肘后备急方》即有记载。脚气古名缓风、壅疾，又称脚弱。因外感湿邪风毒，或饮食厚

味所伤，积湿生热，流注腿脚而成。其症先见腿脚麻木，酸痛，软弱无力，或挛急，或肿胀，或萎枯，或发热，进而入腹攻心，小腹不仁，呕吐不食，心悸，胸闷，气喘，神志恍惚，言语错乱等。

[2] 新渡医书：是指新从宋朝传到日本的医书。据《宋史·艺文志》载，（唐）吴升撰有《苏敬徐王唐侍中三家脚气论》，原书今已佚失，部分内容见载于《外台秘要》《医心方》等书。（宋）唐慎微《证类本草》引苏恭（即苏敬）之论：凡患脚气，每旦任意饱食，午后少食，日晚不食。如饥，可食豉粥。

[3] 长斋：常年素食（吃斋）。佛教禁止午后进食，也称长斋。

【译文】

五是脚气病。

此病源于晚饭吃得太多，到了晚上吃饭喝酒太多有危害，过了中午之后不吃太多是治疗的方法。服用桑粥、桑汤、高良姜、茶，具有神奇的养生治疗效果。从中国新传来的医书说：罹患脚气之人应该早上吃饱，午后不要多吃。吃长斋的人不得脚气，就是这个道理。近来人们把什么病都叫脚气，真是可笑之极！只知道叫病名而不知道治病的疗方。

桑树

【原文】

以上五种病者，皆末世鬼魅之所致也，然皆以桑治之，颇有受口诀于唐医[1]矣。又桑树是诸佛菩提树[2]，携此木，则天魔犹不能克，况诸余鬼魅之附近乎？今得唐医口传，治诸无不得效验矣。近年皆为冷气所侵，故桑是妙治之方也。人以不知此旨，多致夭害。近年身分之病多冷气也，其上他疾相加，得其意治之，皆有验矣。今之脚痛亦非脚气，是又冷气也，桑、牛膝、高良姜等，其良药也。桑方注左。

【注释】

[1] 唐医：即指宋代中医。

[2] 菩提树：为桑科榕属植物，也具有药用价值。

【译文】

以上五种病都是末世鬼魅所致，而都用桑来治疗，多是源于中国医学口传秘诀。另外桑树乃是诸佛的菩提树，携带这种树木，就是天魔也不能靠近，何况那些鬼魅前来骚扰？于今既得中国医学的口传秘授，治疗起来无不药到病除。近年病症都是寒气侵害所致，所以用桑治疗确是绝妙良方。人们因为不知这个要旨，往往导致夭亡之害。近年身体之病多是寒气所致，加上其他疾病困扰，如果得其要领加以施治，都会有效验。当今的脚痛病也不是脚气病，也是寒气所致，桑、牛膝、高良姜等都是治这种病的良药。用桑治疗的药方列注如下。

【原文】

一[1] 桑粥法

宋朝医曰：桑枝如指，三寸截，三四细破，黑豆一握，俱投水三升（灼料[2]）煮之，豆熟却桑加米，以水多少，计米多少，煮作薄粥也。冬自鸡鸣，夏自夜半，初煮，夜明煮毕。空心服之，不可添盐。每朝不懈而食之，则其日不引水，不醉酒，身心亦静也。桑之当年生枝尤好，根茎大不中用。桑粥，总治众病。

【注释】

[1] 一：此处“一”在古籍中并不表示序号，而是分节标记。本书翻译时为符合现代阅读习惯，避免歧义，统一将“一”改为“■”。下同。

[2] 灼料：别本作“炊料”，意均不明。

【译文】

■桑粥法

中国医家说：把如手指粗细的桑枝，截成长短三寸一节，再将每节破开成三四根细条，加黑豆一把，一起放入三升水中煮，等黑豆煮熟了，拿出桑枝，加入大米，根据所剩水量多少放入合适的米量，煮成稀粥。冬天从鸡叫时开始煮，夏天从半夜开始煮，天亮就煮好了。空腹服用，不可加盐。每天早上坚持食用，则白天不用喝水，不醉酒，身心宁静。桑枝用当年生的新枝为好，树根和树干不要用。桑粥是适合治疗各种疾病的药膳。

桑煎法

【原文】

一　桑煎法

桑枝二分许截，燥之，木角焦许，燥，可割置三升五升盛囊，久持弥可。临时水一升许，木半合[1]许，煎服。或虽不燥，煎服无失，生木复宜。

新渡医书[2]云：桑，水气、脚气、肺气、风气、气、遍体风痒干燥、四肢拘挛[3]、上气[4]眼晕、咳嗽口干等病皆治之，常服消食、利小便、轻身、聪明耳目。《仙经》[5] 云：一切仙药，不得桑煎不服。就中饮水、不食、中风，最秘要也。

【注释】

[1] 合：古代中国市制容量单位，一升的十分之一。

[2] 新渡医书：（唐）王焘《外台秘要》卷 18 载：桑枝，平，不冷不热，可以常服。疗遍体风痒干燥、脚气风气四肢拘挛、七气眼晕、肺气咳嗽，消食、利小便，久服轻悦耳目，令人光泽，兼疗口干。《仙经》云：一切仙药，不得桑煎不服。（出《抱朴子》）

[3] 四肢拘挛：竹苞楼本作“物挛”，应是“拘挛”形近讹误。

[4] 上气：是指气逆壅上的症候，如气喘咳嗽。按《外台秘要》古本作“七气”，指七情之气所伤的病症。

[5] 《仙经》：《抱朴子》多有援引《仙经》，但查传世诸本《抱朴子》，并无“一切仙药，不得桑煎不服”一句。

【译文】

■桑煎法

将桑枝截成二分长左右的小段，用火烘烤使之干燥，至桑枝木质边角处略显焦黄，这时候就干燥了，可切割制作三升五升的量用囊袋盛放备用，放的时间越长越好。用的时候，取水一升左右，桑枝半合左右，煎服。或者桑枝虽不干燥，煎服也没关系，用新鲜桑枝也可以。

新传来的医书说：桑，水气、脚气、气、遍体风痒干燥、四肢拘挛、七气眼晕、咳嗽、口干等病都能治疗，经常服用可消食、通小便、轻身、使耳目聪明。《仙经》说：一切仙药，不得桑煎就不可服用。其中的饮水病、不食病、中风病，桑煎是对症秘方。

【原文】

一 服桑木法

锯截屑细，以五指撮之，投美酒饮，能治女人血气[1]，腹中万病，无不悉瘥。常服则得长寿无病。是仙术也，不可不信。

服桑木法

【注释】

[1] 血气：指血崩、血漏之类的妇科病。《本草纲目·木部·桑》："血露不绝，锯截桑根，取屑五指撮，以醇酒服之，日三服。(肘后方)"

【译文】

■服桑木法

将桑木锯成细屑，用五指取一撮，放到美酒中饮用，能治女人血崩、血漏之病，乃至腹内所有疾病，无不痊愈。经常服用可致长寿不生病。这是仙术，不可不信。

含桑木法

【原文】

一含桑木法

削如齿木[1]，常含之，则口、舌、齿并无疾，口常香，魔不附近。善治口喎[2]，世人所知。末代医术，何事如之。用根，入土三尺者最好，土上颇有毒，土际亦有毒[3]，故皆用枝也。

【注释】

[1] 齿木：指用来磨齿刮舌以除去口中污物的木片（杨枝），是佛徒的日常用品，大乘比丘随身的十八物之一。

[2] 口喎：嘴歪，即由于颜面神经麻痹，口角向另一侧歪斜的症状。

[3] 《本草纲目·木部·桑》："古《本草》言：桑根见地上者名马领，有毒杀人。旁行出土者名伏蛇，亦有毒而治心痛。"

【译文】

■含桑木法

将桑木削成如齿木形状大小，经常放在口中含着，则口腔、舌头、牙齿都不会得病，而且口内常有香气，妖魔不敢靠近。这一方法对口 之病很有疗效，是大家都知道的。末代的医术，哪里比得上这个。

如果用桑的根部，土层以下三尺处的桑根最好，因为土面桑根有毒，靠近土面的桑根也有毒，所以一般都用桑枝。

【原文】

一桑木枕法

如箱造，用枕之，明目，无头风，不见恶梦，鬼魅不近，功能多矣。

桑木枕法

【译文】

■桑木枕法

将桑木做成箱子的形状，用做枕头，可以明目，不患头风之病，不做噩梦，鬼魅不敢靠近，功能很多。

【原文】

服桑叶法

一 服桑叶法

四月初采，阴干。九月十月之交，三分之二已落，一分残枝，复采阴干。夏叶冬叶等分，以秤计之，抹如茶法服之[1]，腹中无疾，身心轻利。是仙术也。

【注释】

[1] 《本草纲目·木部·桑》："《神仙服食方》：以四月桑茂盛时采叶。又十月霜后三分、二分已落时，一分在者，名神仙叶，即采取，与前叶同阴干，捣末，丸、散任服，或煎水代茶饮之。"抹茶是用天然石磨碾磨成微粉状的、覆盖的、蒸青的绿茶，抹茶源于中国隋朝，兴起于唐朝，鼎盛于宋朝，现在日本还在流行此法。

【译文】

■服桑叶法

阴历四月初采集桑叶，阴干。九月十月之际，桑叶已落去三分之二，还有三分之一残留在树枝上，这时候再采下来阴干。将夏天和冬天采的桑叶各取等量，用秤称好，磨粉合在一起像喝茶一样饮用，可使腹内不生病，身心轻松愉快。这是仙术。

【原文】

一服桑椹法

熟时收之，日干为抹，以蜜丸桐子大，空心酒服四十丸，久服身轻无病。但日本桑力微耳。

服桑椹法

【译文】

■服桑葚法

桑葚熟的时候采收，晒干后磨粉，做成桐子大小的蜜丸，空腹用酒送服四十丸，长期服用可致身体轻便不生病。但是日本的桑葚药力要差一点。

服高良姜法

【原文】

此药出于宋国高良郡[1]，唐土、契丹、高丽同贵重之。末世妙药也。治近岁万病有效。即细抹一钱，投酒服之，断酒人以汤又水粥米饮服之，或煎服之，多少早晚以效为期。每日服，则齿动痛、腰痛、肩痛、腹中万病、脚膝疼痛、一切骨痛，无不皆治。舍百药而唯服茶与高良姜则可无病。近年冷气，试治无违耳。

【注释】

[1] 高良郡：即高凉郡，宋代高凉郡治所在今广东省阳西县。

【译文】

此药产于宋朝的高凉郡，中国、契丹、高丽都很重视它。这是末世的妙药。治疗近年的各种疾病都有效。用高良姜磨成的细末一钱，放到酒中服用，不喝酒的可用热水或米粥送服，或者煎服，用量多少和时间长短，以见效为准。每日坚持服用，则齿松牙痛、腰痛、肩痛、腹中万病、脚膝疼痛、一切骨痛，无不可治。舍弃各种药物，只用服食茶和高良姜，就可不生病。近年寒气致病多见，可尝试用服高良姜法治疗无妨。

吃茶法

【原文】

方寸匙二三匙，多少随意，极热汤服之，但汤少为好，其亦随意，殊以浓为美。饮酒之后吃茶，则消食也。引饮之时，唯可吃茶饮桑汤，勿饮汤水。桑汤茶汤不饮，则生种种病。

【译文】

用一寸见方的汤匙盛二三匙茶叶，多点少点随意，用很热的开水泡茶饮用，开水少一点为好，但随意也行，总之要以浓为佳。饮酒之后喝茶，可以帮助消化。饮酒时，只能喝茶和桑汤，不要喝别的饮料。不喝桑汤茶水的话，就会生出各种疾病。

【原文】

一服五香煎[1]法

青木香一两，沉香一分，丁香二分，薰陆香一分，麝香少。右五种各别抹，抹后调和，每服一钱，沸汤饮之，以治心脏。万病起于心脏，五种皆其性——苦辛，是故妙也。

荣西昔在唐时，从天台山到四明[2]，时六月十日

服五香煎法

也，极热，气绝，于时有店主言曰：法师远来，多汗，恐发病也。乃取丁子一升，水一升半许，久煎为二合许，与荣西服之，其后身凉心快。是以知其大热之时能凉，大寒之时能温，此五种特有此德耳。

【注释】

[1] 五香煎：按本书下卷“疮病”一节考证，此处“五香煎”应该是“五香散”。

[2] 四明：竹苞楼本作“四州”。按四明即浙江宁波别称，其地有四明山。

【译文】

■服五香散法

青木香一两，沉香一分，丁香二分，薰陆香一分，麝香少许。上面五种药材分别磨粉，然后混合在一起，每次取一钱，放入开水中服用，可治心病。各种病都起于心脏，而上面五种“香”药的性味(苦味、辛味)都符合心脏的喜好，因此可以达到妙用。

荣西昔日在中国时，曾从天台山去明州，当时正是阴历六月初十，天气极其炎热，他都快晕厥了，这时候有位店老板对他说：法师从很远的地方来，出了很多汗，恐怕要得病了。于是店老板取来丁香一升，加水一升半，煮了很长时间，最后得二合多点的药汤，让他喝了，然后感觉身心清爽凉快。所以他才知道服用五香散，大热的时候可以使人凉爽，大寒的时候可以让人温暖，这就是五种“香”药特有的功效。

下卷 结束

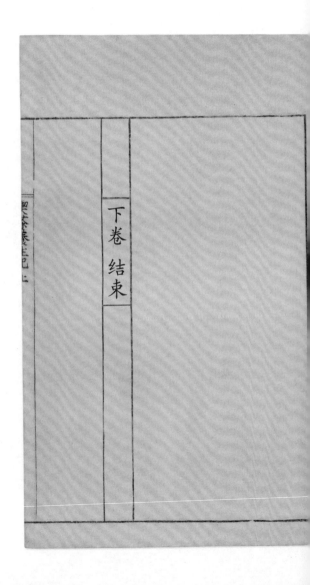

【原文】

以上末世养生法，以得感应录之，皆于宋国有禀承也。

吃茶养生记卷下。

【译文】

以上末世养生之法，我据亲身感受记录下来，这些在中国都有传承。

《吃茶养生记》下卷结束。

跋

【原文】

此记录后，闻之吃茶人瘦生病云云，此人不知己所迷，岂知药性自然用哉？复于何国何人吃茶生病哉？若无其证者，其发词空口引风，徒毁茶也，无半钱利。又云高良姜热物也云云，是谁人咬而生热哉？不知药性，不识病相，莫说长短矣！

凡称宇治茶[1]者，本出自建仁，荣西禅师本朝仁安三年[2]夏四月入南宋，发四明，登台岭，路经茶山，见其贵重之，而丕有药验。秋九月，归楫之日，遂賫持茗实数颗，移植之久世郡宇治县，以其地神灵肥饶，宛似建溪[3]、惠山[4]，有风水之利，故播殖之者欤。尔后国朝官民无大无小，无不珍爱之。近代嗜茶者，以宇治为第一，梅山[5]次之。且谚曰：至宇治，茶有清音[6]，余皆浊音也。有茶之别称曰无上，曰别义，曰极无，其余不遑枚举焉，奇哉！明庵[7]西公《吃茶养生记》明示末世病相，留赠后昆以要，令知是养生之仙药，有延龄之妙术也矣。于是乎跋。

【注释】

[1] 宇治茶：宇治即宇治县，属京都府久世郡，今日本有宇治市。宇治茶相传为栂尾高山寺的明惠上人栽培，是日本三大名茶之一，产于以宇治市为中心的京都南部地区。

[2] 仁安三年：仁安是日本的年号，仁安三年即 1168 年。

[3] 建溪：中国福建省闽江的北源，由南浦溪、崇阳溪、松溪合流而成，流经武夷山茶区。宋代地属建州建安（今南平市建瓯市），盛产茶叶，宋徽宗赵佶在《大观茶论》中评道："本朝之兴，岁修建溪之贡，龙凤团饼茶，名冠天下。"这里的"建溪之贡"即是指建安北苑贡茶。宋代梅尧臣有诗作《建溪新茗》。

[4] 惠山：在中国江苏省无锡市。惠山茶道历史悠久，唐代以来，无锡惠山寺石水就被《煎茶水记》《茶经》等著述列为煮茶泉水第二名，明代文徵明《惠山茶会图》、钱谷《惠山煮泉图》等传世艺术作品都是"天下第二泉"的佐证。

[5] 栂山：即京都栂尾。相传荣西将茶籽赠给栂尾高山寺的明惠上人，种之于栂尾，后来明惠上人再将栂尾茶移植到宇治。

[6] 清音：清越的声音。晋朝左思《招隐诗》之一："非必有丝竹，山水有清音。" 唐朝张文姬《沙上鹭》诗："沙头一水禽，鼓翼扬清音。"

[7] 明庵：荣西禅师的字，荣西俗姓贺阳，字明庵，号叶上房。

【译文】

我记录下以上内容后，听到有人说吃茶会让人变瘦生病等等，说这话的人不知道自己都分不清东南西北，怎么知道药性的自然妙用呢？又从哪国看到哪个人吃茶生病了呢？如果没有证据，乱发言辞，空穴来风，除了诋毁茶的声誉，没有半个钱的好处。还听人说高良姜是热性之物等等，那又是谁咬过它之后生热了啊？不知药物性味，不懂疾病症候，就不要信口雌黄了！

所谓“宇治茶”，实际是来自京都建仁寺，荣西禅师在本朝仁安三年（1168）夏四月渡海到南宋，从四明出发，登天台山山岭，路经茶山，看到当地人很重视吃茶，而且还大有药疗效果。秋九月，荣西坐船归国之际，就带着几颗茶籽回到日本，后将茶籽移植到京都府久世郡宇治县，之所以选择这里播种，是因为宇治山水神灵、土地肥沃，非常像中国的建溪和惠山，风水很好。其后，日本的官员、民众，无论老少，无不珍爱吃茶。近代吃茶之人认为，“宇治茶”最好，其次是“栂尾茶”。而且谚语也说：到了宇治喝茶才有欣赏“清音”的感觉，而别处都是“浊音”。茶的别名有“无上”“别义”“极无”等等，不胜枚举，真是稀奇啊！荣西禅师的《吃茶养生记》一书将末世的疾病症候都做了明示，将要诀都留给了后世，让他们明白茶是养生的仙药，吃茶是延年益寿的妙法。于是我写了这篇后记。

【导读】

这是本书的后记。别本《吃茶养生记》未见到这段文字，作者不明，从内容看，应该是荣西同时代人所写。

《吃茶养生记》一书中的吃茶方式源于南宋，所以，我们特录宋徽宗所著《大观茶论》附其后，以便读者参考阅读。

日本日常生活中的茶

中国茶叶经荣西传到日本后，很快得到了发展，到16世纪千利休集茶叶之大成，开创了日本的『茶道』，形成了日本人独自的美学。我们特从铃木春信的浮世绘中选了十几幅与茶有关的图画供大家欣赏，同时可以从中领略日本江户时代关于茶的应用。铃木春信（Suzuki Harunobu），日本江户时代浮世绘画家。本名穗积次郎兵卫，号长荣轩。致力于锦绘（即彩色版画）创作，以描绘茶室女侍、售货女郎和艺妓为多。铃木春信首创多色印刷版画，即是红折绘，也就是在一张纸上可以应用多种颜色。

茶屋　25.4×39.4 cm

茶屋的女子　65.7 x 12.4 cm

窗外的人　70.2 x 12.1 cm

春信画

窥视　28.3 x 21 cm

梦　27.6×20.6 cm

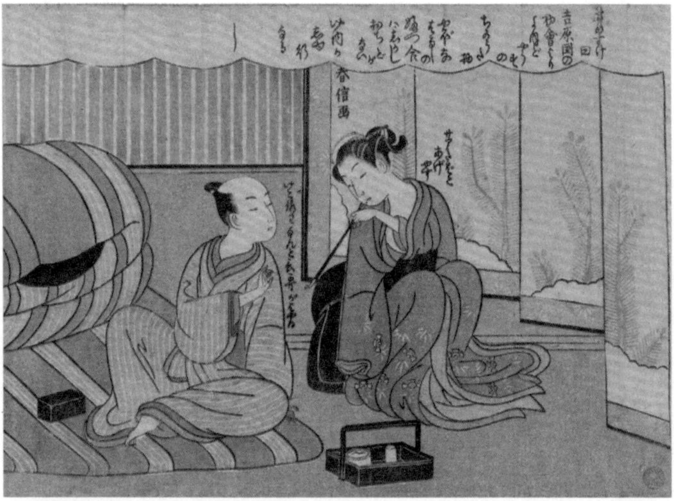

聊天 18.6 x 25.9 cm

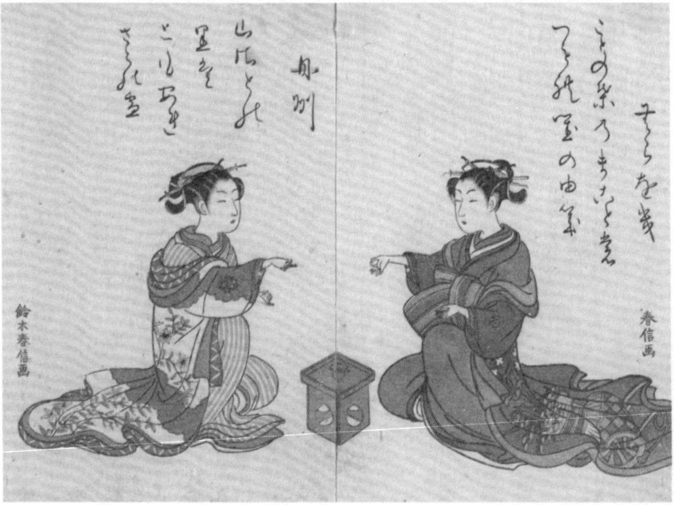

玩游戏 21.3 x 14.6 cm

浅草西兰 27.3 x 19.8 cm

武士
27.3 x 20 cm

下棋
28.3 x 20.6 cm

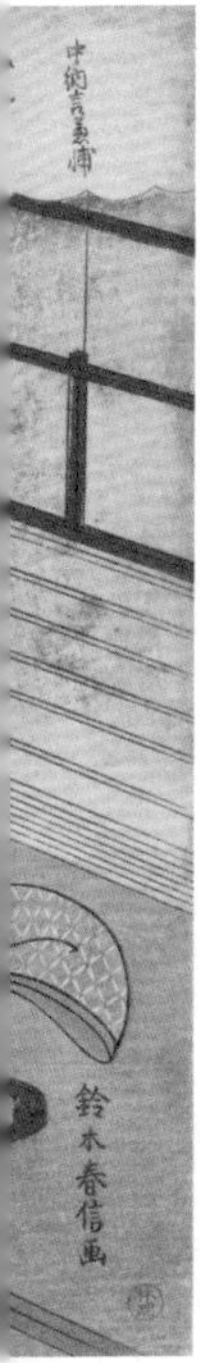

闲话
26 x 18.4 cm

写信
51.5 x 11.4 cm

阳台上
26.7 x 14.3 cm

夜雨
28.6 x 20.3 cm

游戏的女子
28.6 x 21.9 cm

月光下 27.9 x 20.3 cm

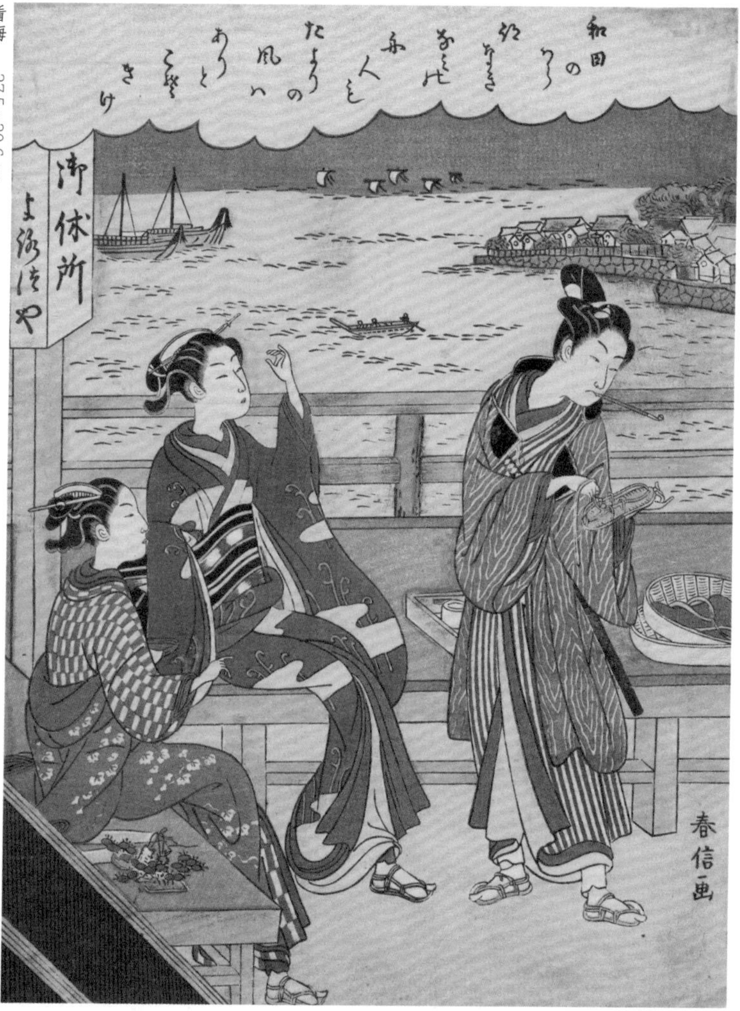

看海

27.5 x 20.6 cm

附

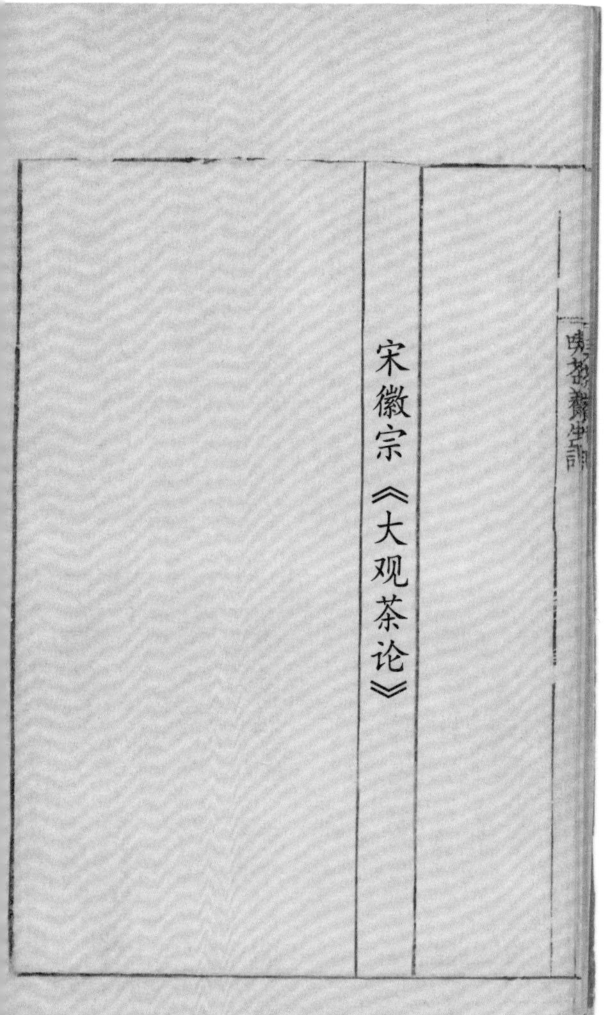
宋徽宗《大观茶论》

综论

【原文】

尝谓首地而倒生，所以供人求者，其类下一。谷粟之于饥，丝枲[1]之于寒，虽庸人孺子皆知常须而日用，不以时岁之舒迫而可以兴废也。至若茶之为物，擅瓯闽之秀气，钟山川之灵禀，祛襟涤滞，致清导和，则非庸人孺子可得而知矣。中澹闲洁，韵高致静，则非遑遽之时可得而好尚矣。本朝之兴，岁修建溪之贡[2]，龙团凤饼[3]，名冠天下，而壑源之品，亦自此而盛。延及于今，百废俱兴，海内晏然，垂拱密勿，幸致无为。缙绅之士，韦布之流，沐浴膏泽，熏陶德化，盛以雅尚相推，从事茗饮，故近岁以来，采择之精，制作之工，品第之胜，烹点之妙，莫不盛造其极。且物之兴废，固自有时，然亦系平时之汙隆。时或遑遽，人怀劳悴，则向所谓常须而日用，犹且汲汲营求，惟恐不获，饮何暇议哉！世既累洽，人恬物熙。则常须而日用者，固久厌饫狼籍，而天下之士，励志清白，竞为闲暇修索之玩，莫不碎玉锵金，啜英咀华。较筐箧之精，争鉴裁之别，虽下士于此时，不以蓄茶为羞，可谓盛世之情尚也。呜呼！至治之世，岂惟人得以尽其材，而草木之灵者，亦得以尽其用矣。偶因暇日，研究精微，所得之妙，后人有不自知为利害者，叙本末列于二十篇，号曰茶论。

【注释】

[1] 枲：麻。《玉篇》："麻，有籽曰苴，无籽曰枲。"

[2] 岁修建溪之贡：建溪，原为河名，其源在浙江，流入福瓯县境内。所产的茶气味香美，唐代即为贡品。宋初，朝廷派专使在此焙制茶叶进贡。

[3] 龙团凤饼：茶名。宋时福建北苑精制的"贡茶"。

【译文】

我曾经说过，从地里滋润而生，提供人们生活所需的物种非常多，但品质各不相同。五谷杂粮是用来充饥的，丝麻之类是用来御寒的，老少皆知这些是日常所需要的物品，并不会因时局盛衰或年产盈亏而多用或不用。至于茶这个物种，独得了浙江、福建的地气，吸收了日月山川的灵性，可以使人的胸怀得到舒展、洗刷烦恼、引导人心清爽顺畅，这些，大家就不知道了。而喝茶时的雅淡高洁、心静气顺，更不是在遑急窘迫的时世可以享受和形成风尚的。在我大宋王朝刚刚兴盛时，便规定了建溪每年都向朝廷贡献茶，龙团凤饼，名冠天下，连山壑溪涧出产的各种茶，也因此而兴盛起来。发展至今，天下百废俱兴，海内平静安逸，朝廷勤劳谨慎，垂衣拱手，无为而治。从官绅士子到普通百姓，都沐浴着皇朝的恩泽，身受了圣德的教化，于是这种高雅的风尚便推衍普及，大家都热衷于饮茶品茗。近几年来，茶叶择采之精、制作之工，茶品之盛，烹茶点茶之妙，全都兴盛到顶点。万物的兴盛衰废，固然有它的自然时空限制，但同时与世道的盛衰也有一定的关联。时局如果遑乱窘急，每个人劳累忧虑，那么居家需用的物品，还需要急切地经营从而寻求取得，只怕得不到手，而饮茶品茗又如何谈得上呢？现在是世代相承的太平盛世年代，人们生活恬静，百物兴旺繁盛。经常需要的日用品，人们早就厌烦了，于是天下有见识之人，全都努力使自己拥有高尚的志向，争着寻求有益于修养的乐趣，全都尽情赏玩金玉茶具、饮茶品茗。大家互相比较盛茶器具的精美，争论鉴别茶叶品质的好坏，就连文化素质修养不高的人，也不再认为饮茶是件丢人的事了，真可谓太平盛世的清雅风尚。唉！至治盛世，岂能只有人各尽其才，就连草木中带有灵性的，也能够充分为世人所使用。

我偶然得到了一些空余时日，对茶做了精细微小的研究，得到许多微妙的体会，担心后人不明白饮茶之道本身的利害关系，特地将茶的本末撰写成二十篇文章，总称为《茶论》。

一

地产

【原文】

植产之地，崖必阳，圃必阴。盖石之性寒，其叶抑以瘠[1]，其味疏[2]以薄，必资阳和以发之；土之性敷[3]，其叶疏以暴[4]，其味强以肆[5]，必资阴荫以节之。阴阳相济，则茶之滋长得其宜。

【注释】

[1] 瘠：瘦小。

[2] 疏：稀、少。

[3] 敷：肥沃，敷腴。

[4] 疏：疏展、充分展开。暴：脱落。

[5] 肆：放纵无节制。

【译文】

种植茶树的地方，如果在山崖边，一定要种植在山崖的向阳面；如果在人工园圃，周围要有树木遮荫。因为山石本身天性寒冷，抑制茶树生长并使叶芽瘦小，煮出的茶水香味不浓，入口淡薄，多吸收阳光可以促使它更好地发育；而园土本性肥沃，茶树能充分成长，叶子肥大舒展却容易脱落，煮的茶水香味强烈但不耐回味，必须借助树荫的阴凉来控制它的发育。只有阴阳互相接济，茶树才可以很好地滋长发育。

二 天时

【原文】

茶工作于惊蛰[1]，尤以得天时为急。轻寒，英华渐长，条达而不迫，茶工从容致力，故其色味两全。若或时旸[2]郁燠[3]，芽甲奋暴，促工暴力随稿，晷刻所迫，有蒸而未及压，压而未及研，研而未及制，茶黄留积，其色味所失已半，故焙人得茶天为庆。

【注释】

[1] 惊蛰：二十四节气之一，在每年农历二月上旬。

[2] 旸：日出。

[3] 燠：闷热。

【译文】

茶工从惊蛰之时开始采摘茶叶，天气时节的选择最为重要。春季刚开始，天气还稍微有点冷，茶芽就开始萌发生长，枝条也缓缓抽出，这时茶工们可以从容不迫地采摘，茶叶的色、香也不会受到损害而失去原味。如果到了太阳高照天气闷热的时节，茶芽奋力暴长，迫使茶工匆忙收拣，时间紧迫，有的茶芽蒸青而来不及压榨，有的压榨而来不及碾末，有的碾末而来不及制饼，茶叶堆积变为黄色，颜色味道已经损失过半，所以焙制茶叶的人以能得天时而庆幸。

三 采择

【原文】

撷茶以黎明，见日则止。用爪断芽，不以指揉，虑气汗熏渍，茶不鲜洁。故茶工多以新汲水自随，得芽则投诸水。凡牙如雀舌谷粒[1]者为斗品，一枪一旗为拣芽[2]，一枪二旗为次之，余斯为下茶。茶始芽萌则有白合，既撷则有乌带[3]。白合不去害茶味，乌带不去害茶色。

【注释】

[1] 雀舌谷粒：茶芽刚刚萌生随即采摘，精制成茶后形似雀舌谷粒，细小嫩香。后世将“雀舌”冠名为一种优质茶。

[2] 一枪一旗为拣芽：一枪一旗，即一芽一叶，芽末展尖细如枪，叶已展有如旗帜。又称“中芽”。下文一枪二旗亦为一芽二叶之意。

[3] 白合：指两叶抱生的茶芽。乌带：当为“乌蒂”，茶芽的蒂头。

【译文】

天刚亮的时候最适合采摘茶叶，太阳一出来就该停止采摘。采摘时要用指甲将茶芽掐断，不要用手指揉搓，人的汗气熏染了茶芽，茶就不新鲜、不干净了。因此茶工们大多带着从井里新汲取的水，采摘芽叶后随即投进水中。凡是芽叶像雀舌谷粒一样大小的为品质上等的茶，一芽一叶的叫拣茶，一芽二叶的品质就有些差，剩下的全是下等品。

茶树开始萌芽时会出现两叶抱生的茶芽，采摘时还会带有茶芽的蒂头，这些都要去掉。因为不去掉两叶抱生的茶芽会损害茶的味道，不去掉茶芽的蒂头，茶的颜色会受到损害。

四

蒸压

【原文】

茶之美恶，尤系于蒸芽压黄之得失。蒸太生则芽滑，故色清而味烈；过熟则芽烂，故色赤而不胶[1]。压久则气竭味漓，不及则色暗味涩。蒸芽欲及熟而香，压黄欲膏尽急止。如此，则制造之功，十已得七八矣。

【注释】

[1] 胶：黏性物质，有用动物的皮或角等熬成的，亦有植物分泌的和人工合成的，此处指牢固。

【译文】

茶品质的好坏，与蒸芽、压黄是否得当有很大的关系。蒸得太生，茶芽生硬光滑，烹煮的茶水颜色浅清且草腥气浓厚；蒸得太熟，茶芽尽烂，烹煮的茶水颜色发红但味道不长。压榨时间过长，茶的香气挥发尽了而且味道淡薄；压榨不到位，茶的颜色深褐而且味道苦涩。所以，蒸芽要求蒸熟而保持香味，压黄要求膏汁一旦没有了便立刻停止。

如果能做到这样，那制茶的功夫，有十分的话已得到七八分了。

五

制造

【原文】

涤芽惟洁，濯[1]器惟净，蒸压惟其宜，研膏惟熟，焙火惟良。饮而有少砂者，涤濯之不精也；文理燥赤者，焙火之过熟也。夫造茶，先度日晷[2]之短长，均工力之众寡，会采择之多少，使一日造成，恐茶过宿，则害色味。

【注释】

[1] 濯：洗涤。

[2] 日晷：日影，引申为时光。

【译文】

洗涤茶芽一定要清洁，茶具也要洗干净，蒸芽压黄一定要适度，研膏一定要熟透，焙茶的火候一定要精确。喝茶时如果感觉茶水里有细砂粒，这是洗涤不精细而导致的；茶叶看起来纹理干燥发红，这是焙茶时火候过猛所致。因此，制茶首先要考虑到时间的长短、制作人员的多少，再确定采摘茶芽的数量，要求在一天之内焙制完毕，生茶存放一个晚上会损害茶的颜色和味道。

六

鉴辨

【原文】

茶之范度不同，如人之有首面也。膏稀者，其肤蹙[1]以文；膏稠者，其理歙[2]以实。即日成者，其色则青紫；越宿制造者，其色则惨黑。有肥凝如赤蜡者，末虽白，受汤则黄；有缜密如苍玉者，末虽灰，受汤愈白。有光华外暴而中暗者，有明白内备而表质者，其首面之异同，难以概论。要之，色莹彻而不驳，质缜绎而不浮，举之凝结，碾之则铿然，可验其为精品也。有得于言意之表者，可以心解。比又有贪利之民，购求外焙已采之芽，假以制造，研碎已成之饼，易以范模。虽名氏采制似之，其肤理色泽，何所逃于鉴赏哉。

【注释】

[1] 蹙：收缩。

[2] 歙：收敛，吸进。

【译文】

茶的外表形象各不相同，就像人的面目各不一样。茶汁稀少的，压制的茶饼外层多起皱纹；茶汁浓厚的，压制的茶饼纹理少而质地坚硬结实。当天制作成的茶饼颜色青紫，过夜制成的茶饼颜色特别黑。

有的茶饼肥厚凝结得像赤蜡一样，茶末虽然白但放入汤中就变成黄色；有的茶饼紧密得像黑玉，茶末颜色灰，一放入汤中便变为白色；有的茶饼表面光华，很讨人喜欢，事实上内部昏暗；有的茶饼内里白洁而外表不配。总之，茶的表相之异同，难以一概而论。列举要点说，凡是茶色干净不杂驳，茶质紧密不浮散，举起看茶体凝结，碾碎时声音铿然，便可辨别检验为精品。微妙之处很难用语言描述，只能靠内心领悟了。还有些贪求暴利的人，购买外焙已采摘过的茶芽，假冒制作，把已制成的茶饼弄碎，再换个棬模重新压过。像这样的冒牌茶，就是有名的茶工采制仿做，它外表的颜色、光泽，又怎么能逃过认真的鉴别和品评呢?

文会图

北宋，赵佶绘。台北故宫博物院藏。图中描绘的北宋时期文人雅士品茗雅集的场景。从此图中可以看出宋代饮茶的样子。图中茶床上陈列着茶盏、盏托、茶瓯等物，一童子手提汤瓶，正在点茶；另一童子手持长柄茶杓，正在将点好的茶汤从茶瓯中盛入茶盏。床旁设有茶炉、茶箱等物，炉上放置茶瓶，炉火正炽，显然正在煎水。画幅左下方的青衣短发的小茶童左手端茶碗，右手扶膝，正在品饮。

七

白茶

【原文】

白茶[1]自为一种，与常茶不同。其条敷阐，其叶莹薄。崖林之间，偶然生出，虽非人力所可致。正焙之有者不过四五家，生者不过一二株，所造止于二三胯而已。芽英不多，尤难蒸焙，汤火一失，则已变而为常品。须制造精微，运度得宜，则表里昭彻，如玉之在璞，它无与伦也。浅焙亦有之，但品不及。

【注释】

[1] 白茶：宋代福建北苑贡茶品种之一，因品质优质、产量少而难得。宋朝时，在北苑贡茶中名列第一。

【译文】

白茶与普通茶种不一样，是一种特殊的种类。它的枝条平展远扬，叶芽晶莹细薄。在山崖丛林里有自然生长的，并不是人力所能种植的。种植这种茶的园圃只有四五家，每家生长的仅有一二株，制成饼茶也只得二三饼而已。它的芽精华不多，不易蒸青、焙炙，取水用火稍不得当，制出的茶就和普通茶一样。制作白茶时，必须小心精细，操作得当，这样制出的茶饼才能从表面到内里都光润莹彻，类似含孕在璞里的美玉，没有任何一种茶可以和它媲美。用火略微炙焙制作的人也有，但品质就稍差一些了。

【原文】

碾以银为上，熟铁次之，生铁者，非掏拣捶磨所成，间有黑屑藏于隙穴，害茶之色尤甚。凡碾为制，槽欲深而峻，轮欲锐而薄。槽深而峻，则底有准而茶常聚[1]；轮锐而薄，则运边中而槽不戛[2]。罗欲细而面紧，则绢不泥而常透。碾必力而速，不欲久，恐铁之害色。罗必轻而平，不厌数，庶已细者不耗。惟再罗则入汤轻泛，粥面光凝[3]，尽茶之色。

【注释】

[1] 底有准而茶常聚：准，平直。此处指碾槽底平直最好，槽身峻深，槽底平直，茶叶容易聚集在槽底，碾出的茶末大小均匀。

[2] 戛：敲击。

[3] 粥面光凝：古人煎茶时称汤光茶多，茶叶浮于表面，就像熬出的粥面一样泛出光泽，叫“粥面末”。

【译文】

用银制造的茶碾品质最好，熟铁制造的次之，用生铁制造的，如果掏洗、选料、打磨得不到位，偶尔会有黑色铁屑夹藏在碾槽的缝隙里，会严重地损害茶的颜色。一般制造茶碾，要求碾槽深而槽壁高，碾轮轮壁薄而坚锐锋利。碾槽深、槽壁高、槽底平直，茶叶就容易聚集在槽底；槽轮壁薄而锋利，即使在运作中碰着槽壁也不会有大的敲击。茶箩的筛面应该细而绷紧，这样才不会被茶末中的土屑堵塞从而很透畅。碾茶必须快速用力，时间不要太长，否则铁屑会损害茶的颜色。

筛茶要求手轻箩平，不怕筛的次数多，这样细茶末才不会损失浪费掉。只有多筛几次，茶末放入汤水里才会漂浮在水面，像熬出的粥面一样泛着光泽，充分呈现出茶的颜色、光泽。

茶盞

【原文】

盏色贵青黑，玉毫条达者为上[1]，取其焕发茶采色也。底必差深而微宽，底深则茶宜立而易于取乳，宽则运筅[2]旋彻不碍击拂。然须度茶之多少，用盏之大小，盏高茶少则掩蔽茶色，茶多盏小则受汤不尽。盏惟热则茶发立耐久。

【注释】

[1] 盏色贵青黑，玉毫条达者为上：宋人斗茶，茶汤白色为胜，所以喜欢用青黑色茶杯，以相互衬托。其中尤其看重黑釉上有细密的白色斑纹，称之“兔毫斑”。

[2] 筅：古时茶具，竹制，形似帚，用以搅拂茶汤。

【译文】

茶杯的颜色以青黑色并且釉面上有细密白色斑纹的为上等品，因为这种釉色最能烘托出茶水的颜色。茶杯底的直径和杯口的直径要相差大一些，深而略微宽些，杯底深茶叶容易立起并形成白色汤花，杯底宽用茶筅回旋搅动时不阻碍拍击拂扬。当然也要根据茶的多少来决定使用茶杯的大小，茶杯高茶水少就会遮掩住茶色，茶水多茶杯小就会盛装不下。茶杯要先使用火烘热，茶杯预热，茶叶就会发得快、立得久。

十

茶筅

【原文】

茶筅以觔竹老者为之。身欲厚重，筅欲疎劲，本欲壮而末必眇，当如剑脊之状。盖身厚重，则操之有力而易于运用；筅疎劲如剑脊，则击拂虽过而浮沫不生。

【译文】

茶筅是用生长多年的大毛竹制造而成的。筅身要厚重，筅枝要稀疏而劲直，上粗下细，类似剑脊的形状。筅身厚重，操作时有力便于运行；筅枝稀疏、劲直像剑脊的，即使拍击拂扬过度，茶汤也不会生成浮沫。

十一

茶瓶

【原文】

瓶宜金银。小大之制，惟所裁给。注汤害利[1]，独瓶之口嘴而已。嘴之口差大而宛直，则注汤力紧而不散；嘴之末欲园小而峻削，则用汤有节而不滴沥。盖汤力紧则发速有节，不滴沥，则茶面不破。

【注释】

[1] 注汤害利：注汤的关键之处。

【译文】

茶瓶以金银制造的最好。选用茶瓶的大小，依茶水的多少而定。往茶杯注茶的水平高低，完全取决于瓶嘴打造得如何。嘴口和瓶身的接口处要大，瓶嘴要有弯度，呈抛物线形，如此注茶的时候即使水力大，水柱也会紧而不散；嘴口处要圆而小，峻如刀削，这样注水时容易控制，且不会产生断续水滴。注水力大而方便控制，水柱不产生断续水滴，这样就不会破坏茶面的汤花。

茶瓶

选自日本足利家秘藏本。足利家是日本历史上活跃于平安时代至室町幕府时代的武家，出自清河源氏义家流，家祖为源义家之孙、源义国之子源义康（亦即足利义康）。我们从中可以看出宋代茶瓶的影子。

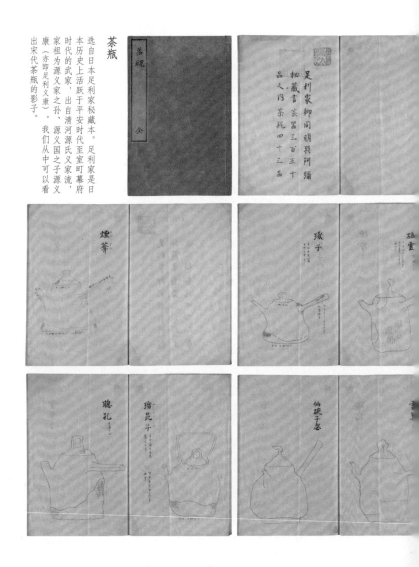

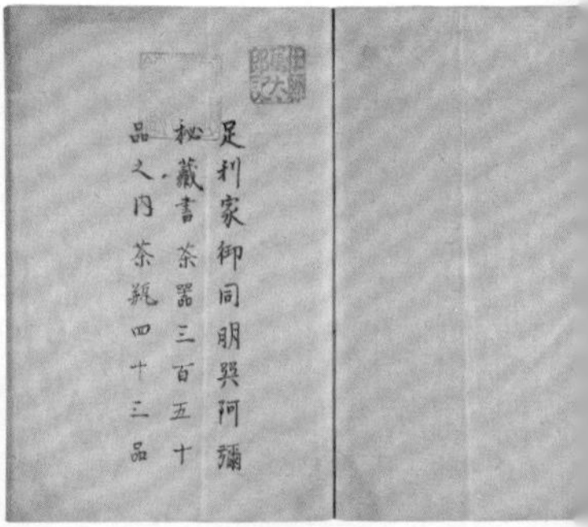

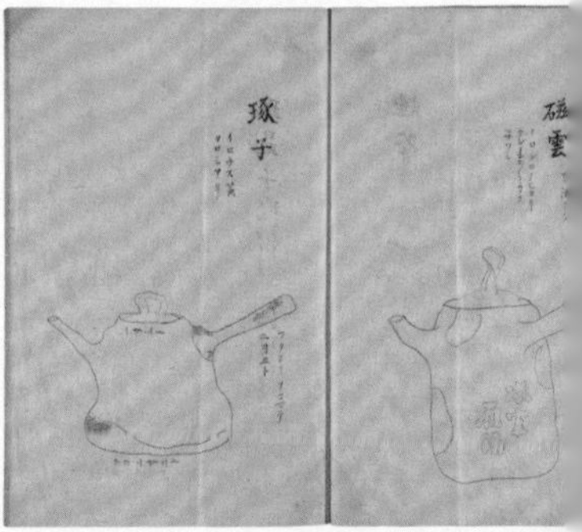

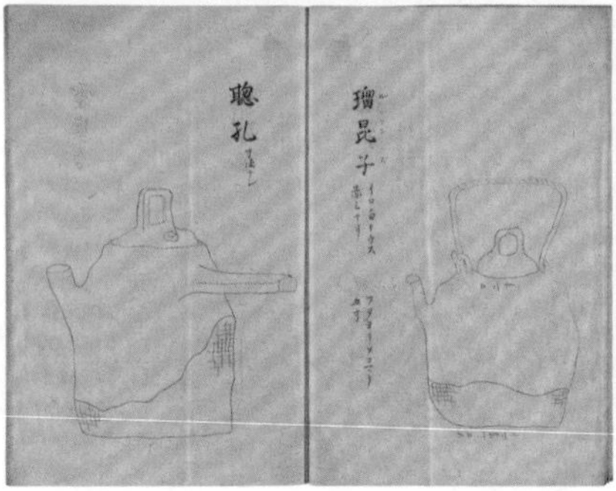

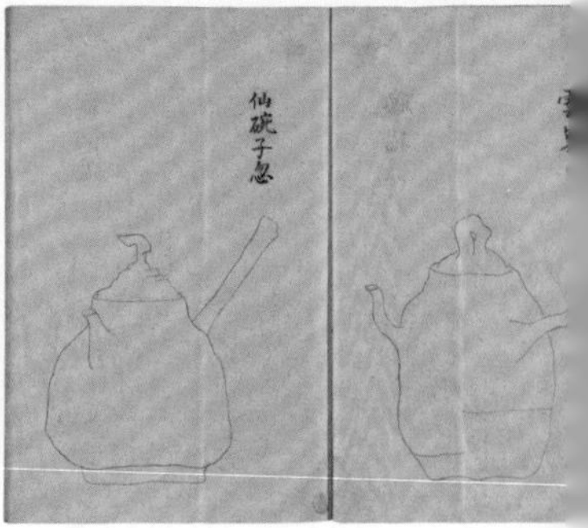

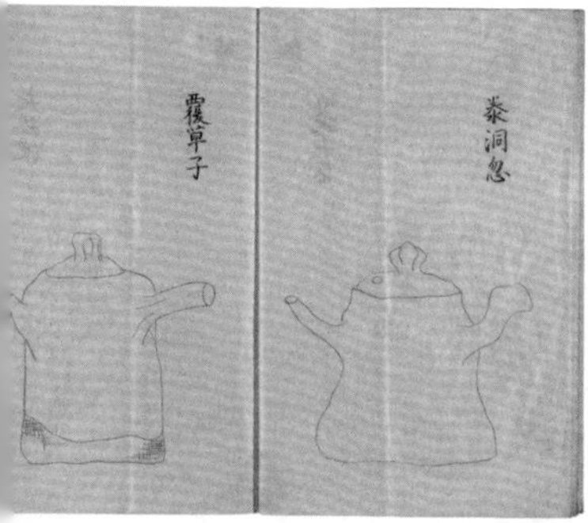
霞草子
桼洞忽

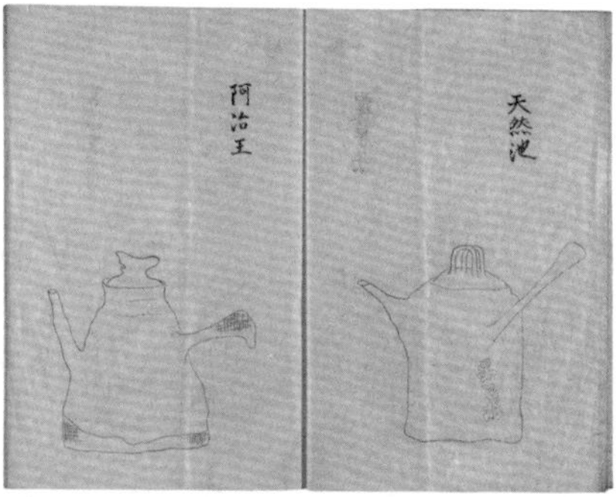
阿治王
天然池

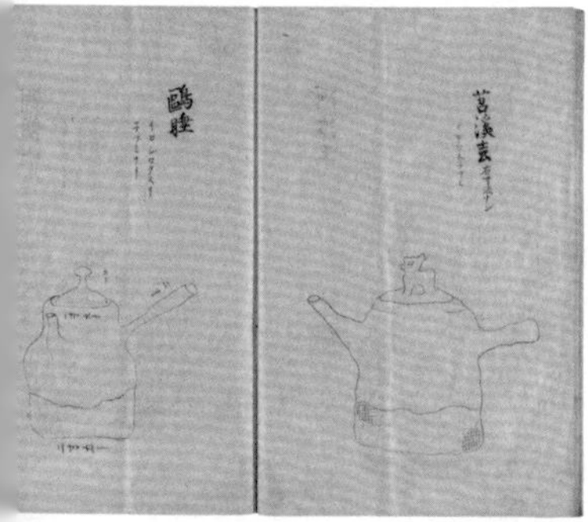
鷗睡
莒溪袁

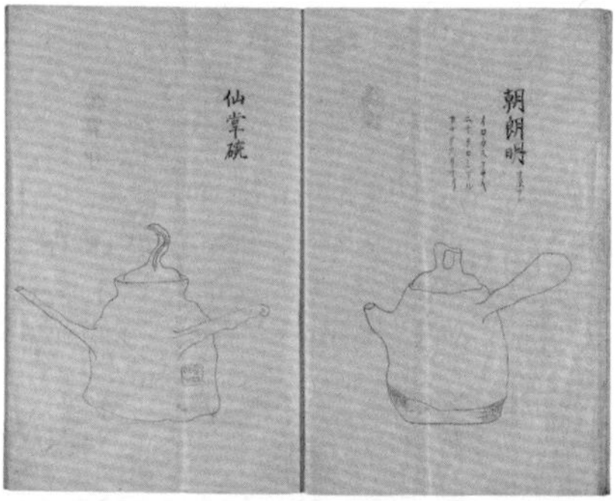
仙掌碗
朝朗明

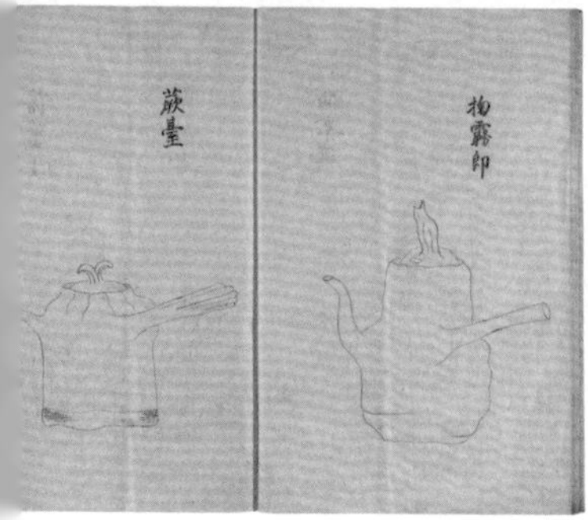
蕨臺
物霧卽

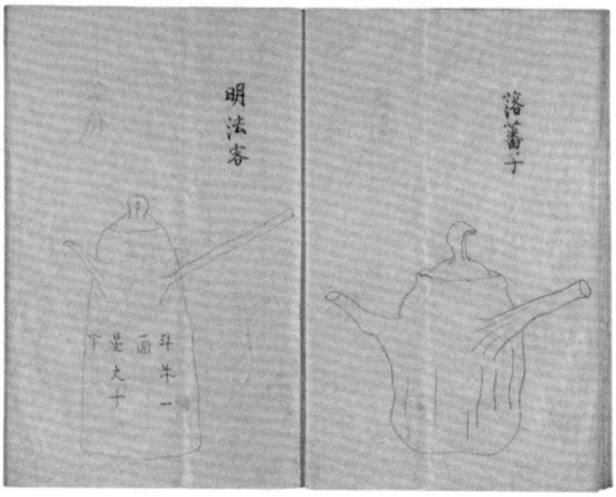
明法客
落蕾子

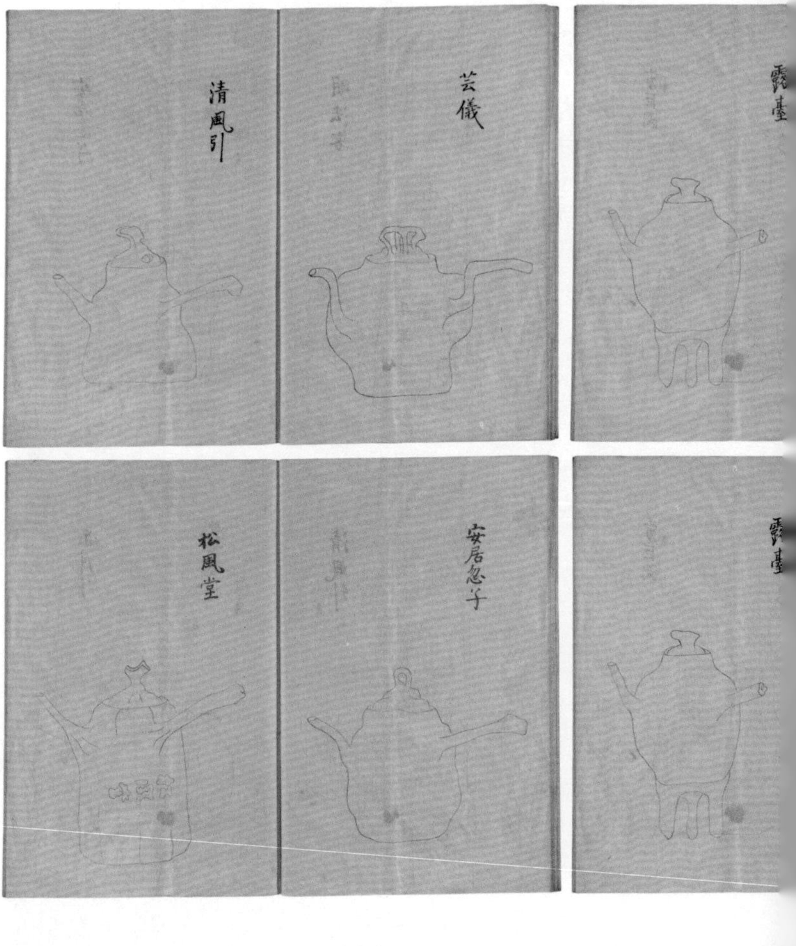
清風引
芸儀
松風堂
安居忽子

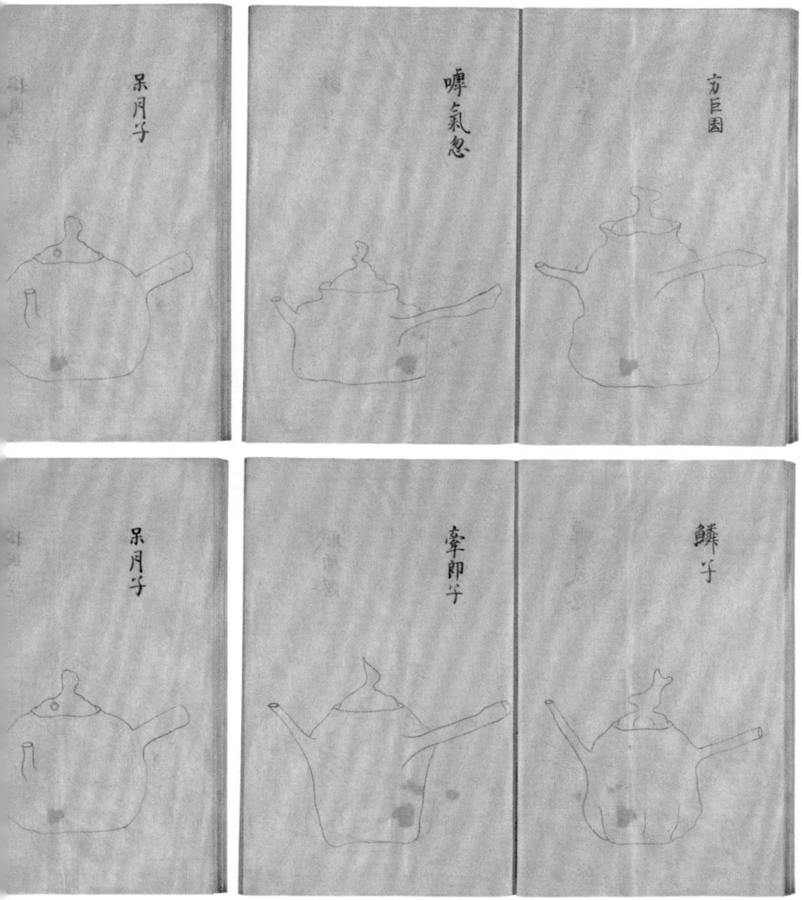
呆月子
嘽氣忽
方巨圓
呆月子
牽郎子
鱗子

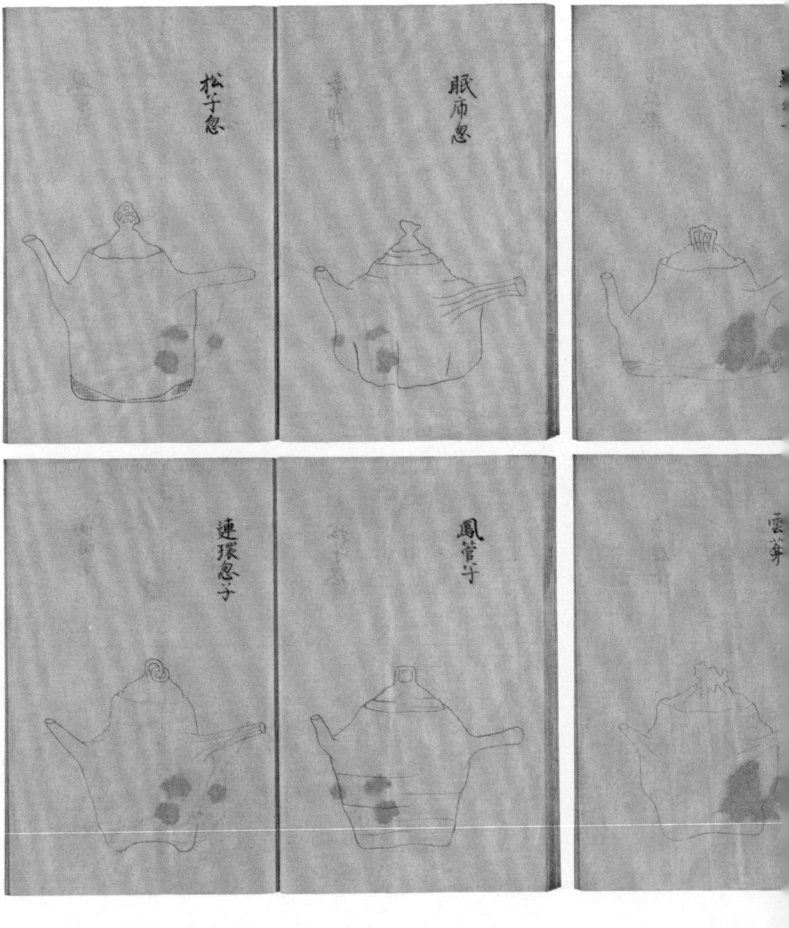
松子急
連環急子

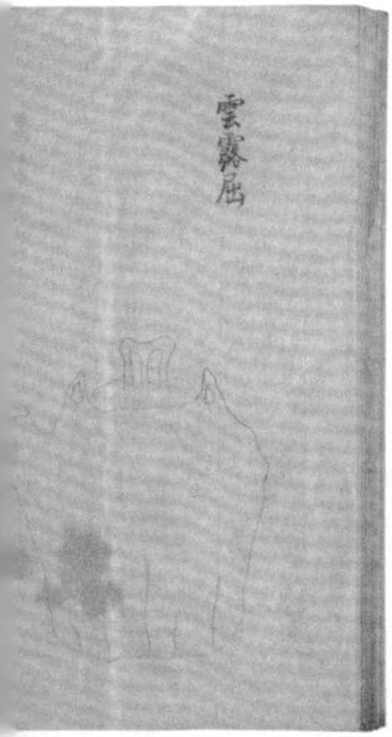
雲露屈

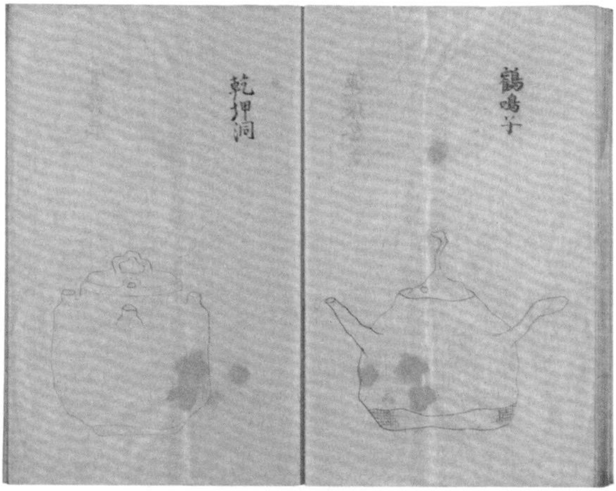
鶴鳴子
乾押洞

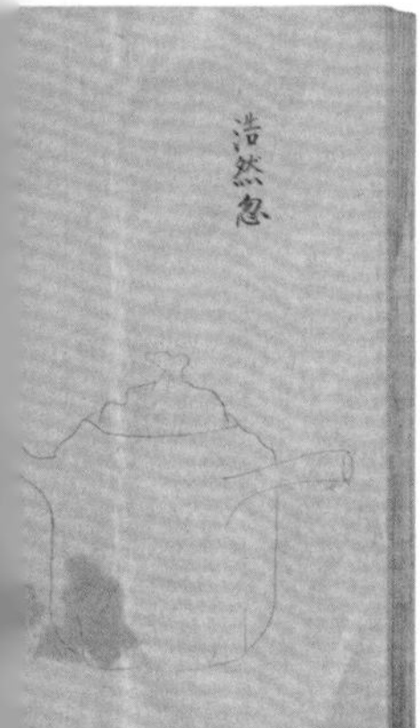
浩然忽

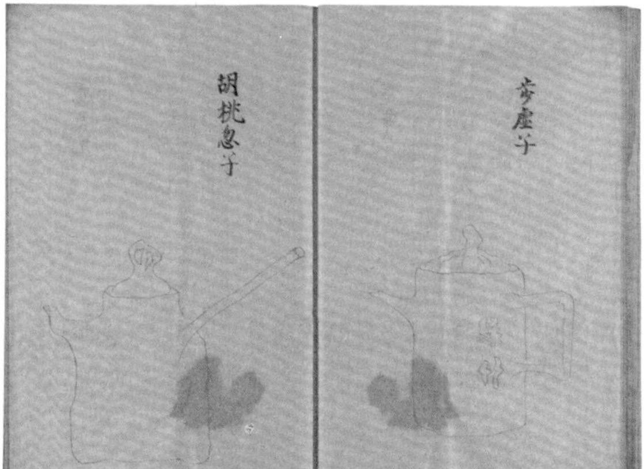
步虚子
胡桃忽子

十二

茶杓

【原文】

杓[1]之大小，当以可受一盏茶为量。过一盏则必归其余，不及则必取其不足。倾杓烦数，茶必冰矣。

【注释】

[1] 杓：同“勺”。欧阳修《卖油翁》：“徐以杓（同“勺”）酌油沥之，自钱孔入，而钱不湿。”

【译文】

茶杓容量的大小，标准为恰好盛一杯茶。容量超过一杯茶，就得将多余的茶水倒回去，不满一杯茶就得再舀补填满。用杓舀茶的次数多了，茶必然就凉了。

十三

茶水

【原文】

水以清轻甘洁为美[1]。轻甘乃水之自然，独为难得。古人品水，虽曰中泠惠山为上[2]，然人相去之远近，似不常得。但当取山泉之清洁者。其次，则井水之常汲者为可用。若江河之水，则鱼鳖之腥，泥泞之污，虽轻甘无取。凡用汤以鱼目蟹眼连绎并跃为度。过老则以少新水投之，就火顷刻而后用。

【注释】

[1] 水以清轻甘洁为美：清，要求水澄清不浑浊；轻，好水质地轻，即现在说的“软水”；洁，干净卫生，无污染。这三者是讲水质。甘则指水味，要求入口有甜味，不咸不苦。

[2] 中泠惠山为上：中泠，今长江镇江一带。惠山，在江苏无锡。

【译文】

煎茶的水以清澈、质地轻、甘甜、洁净为最好。质轻甘甜的水源于天然，很难得到。古人品尝评论水质，虽然说中泠水和惠山泉为第一等，但因路途遥远，无法经常得到。只要吸取山泉中清澈干净的水就可以了。其次，经常被人打的井水也可以用。至于江河的水，因沾有鱼鳖的腥气，又有泥的污染，即使水质轻、水味甘也不能用。煮茶汤时，茶汤面上“鱼目”“蟹眼”连续溅出的时候就正合适。倘若汤煮老了便舀一点新水掺进去，用火煮一小会儿再喝。

十四

点茶

【原文】

点茶[1]不一。而调膏[2]继刻，以汤注之，手重筅轻，无粟文蟹眼者，谓之静面点。盖击拂无力，茶不发立，水乳未浃，又复增汤，色泽不尽，英华沦散，茶无立作矣。有随汤击拂，手筅俱重，立文泛泛，谓之一发点。盖用汤已故，指腕不圆，粥面未凝，茶力已尽，云雾虽泛，水脚易生。妙于此者，量茶受汤，调如融胶。环注盏畔，勿使侵茶。势不欲猛，先须搅动茶膏，渐加周拂，手轻筅重，指绕腕旋，上下透彻，如酵蘖之起面。星皎月，灿然而生，则茶之根本立矣。第二汤自茶面注之，周回一线，急注急上，茶面不动，击指既力，色泽渐开，珠玑磊落。三汤多置。如前击拂，渐贵轻匀，同环旋复，表里洞彻，粟文蟹眼，泛结杂起，茶之色十已得其六七。四汤尚啬。筅欲转稍宽而勿速，其清真华彩，既已焕发，云雾渐生。五汤乃可少纵，筅欲轻匀而透达。如发立未尽，则击以作之；发立已过，则拂以敛之。结浚霭，结凝雪，茶色尽矣。六汤以观立作，乳点勃结则以筅著，居缓绕拂动而已。七汤以分轻清重浊，相稀稠得中，可欲则止。乳雾汹涌，溢盏而起，周回旋而不动，谓之咬盏。宜匀其轻清浮合者饮之。《桐君录》曰：“茗有饽，饮之宜人，虽多不为过也。”

【注释】

[1] 点：把茶瓶里煎好的水注入茶杯中。

[2] 调膏：宋人饮茶，先在茶杯里放入茶末二钱，注入少许水，加以搅动，使茶膏像融胶那样有一定的浓度和黏度，这叫“调节”，此后才注入煎好的沸水。

【译文】

点茶很复杂。有的人点茶，刚调膏完毕，就急着加入沸水，手持茶筅拍击拂扬水面很轻，茶不能发得快、立得久，从而不能形成足够的汤花，也不能凝结出粥面粟纹和蟹眼，这叫作“静面点”。茶筅击拂无力，茶叶还没有发透，水和茶末还未融合，又增添沸水，会使茶膏焕发不出颜色，茶的精华涣散，也就不能冲好。有的人边注水边击拂，手力过重，茶面汤花泛泛漂散，这叫“一发点”。汤水本来已老，又不懂指绕腕转地使用茶筅，结果粥面还没形成而茶力已尽，虽然茶面也会出现云雾般的汤花，但消退得很快，杯沿只留下水的迹痕。真正懂得点茶的人，会依据茶末的多少添加适量的水，将茶膏均匀搅拌，类似融胶那样。顺着茶杯的四周将沸水注入，不能直接注在茶膏上。注水时不要用力过猛，先应搅拌茶膏，逐渐用茶筅拍击拂扬，手要轻而筅要重，手腕转动，手指绕起捻动茶筅，力透上下，类似于酵母发面。慢慢地汤花就会像满天星月，灿然而生，如此，才能催发茶的本力。第二次注水时可以注在茶面上，沿茶面四周注入，快速注入迅速停止，不要让茶面晃动，另一只手持茶筅用力拍击拂扬，这样茶面的汤花会慢慢泛出白色，就像珠玑磊落在茶面。第三次注水，要多置放一会儿，之后，像第二次一样拍击拂扬，但力量要渐渐轻匀，转着圈来回搅动，里外搅透，茶面的汤花就会像粟纹蟹眼一样逐渐涌起，此时，已得到茶色十之六七。第四次注水，尽量少一些。茶筅转动的幅度要大而慢，茶面上的汤花散发的华采就像云雾一样升起。第五次注水，可以适当多一些。茶筅拍击拂扬要均匀而无所不至。假如茶面上的汤花还没有泛起，要特别加以拍击拂扬；发起而过高的，要用茶筅轻轻拂平。这时茶面就会像山中结出的雾气，如水凝冰雪，茶色全都显露出来。第六次注水要注到汤花最为凝集的地方，乳花集结高起的，用茶筅轻轻拂开。第七次用来分轻清重浊，使汤稀稠适中，可点可不点的就不再拍击拂扬。这时汤花会像白色雾霭汹涌而起，高出杯口，四周的汤花会随着水的来回旋转，紧贴着杯壁，行话为“咬盏”。

总之，点茶要使茶水达到轻清、汤茶泛浮得十分均匀才适宜饮用。《桐君录》说“茶水里有沫饽，常饮对人有好处，即使喝多了也不会对人有危害。”

十五

茶味

【原文】

夫茶以味为上。香甘重滑[1]，为味之全。惟北苑壑源之品兼之。其味醇而乏风骨者，蒸压太过也。茶枪乃条之始萌者，木性酸，枪过长则初甘重而终微涩。茶旗乃叶之方敷者，叶味苦，旗过老则初虽留舌而饮彻反甘矣。此则芽胯有之。若夫卓绝之品，真香灵味，自然不同。

【注释】

[1] 香甘重滑：宋人斗茶，先目测，后品尝，味以“香甘重滑”为全，香以“入盏则馨香四达”为妙。经过综合的评定，才能决出斗茶的胜者。

【译文】

茶叶的味道非常重要。香气馥郁，入口甘甜，回味醇厚，轻滑爽口，四样齐全，茶的味道才称得上完美。只有北苑山壑里出产的白茶才能兼而有之。有的茶味道虽然甘醇但缺少劲道，原因是蒸青、压榨得有些过度。茶的“枪”是枝条开始萌发新芽的时候采摘的，木性酸，“枪”过长，刚开始喝的时候味道甘醇而后来回味则有些发涩。茶的“旗”是已经伸展开的叶片，叶子味苦，“旗”过老，刚开始喝的时候会使舌头留有苦味，但喝过以后回味甘甜醇厚。这些都是一般茶所具有的。至于超伦绝逸的上好佳茗，香真味灵，自然和普通的茶不一样。

十六

茶香

【原文】

茶有真香，非龙麝可拟[1]。要须蒸及熟而压之，及干而研，研细而造，则和美具足。入盏则馨香四达，秋爽洒然。或蒸气如桃人夹杂，则其气酸而恶。

【注释】

[1] 龙麝：龙脑、麝香，均为古代香料。

【译文】

茶叶本身便有天然的香气，这不是龙脑、麝香可以相比的。它必须蒸熟、压紧，等到烘干后再研细制成饼茶，才会又香又美。冲到杯里馨香满屋，让人感觉像秋天那样天高气爽，身心都随之舒展。如果茶蒸不熟，会有桃仁异味夹杂进去，那茶味就会变得酸气逼人，十分严重了。

十七

茶色

【原文】

点茶之色，以纯白为上真，青白为次，灰白次之，黄白又次之。天时得于上，人力尽于下，茶必纯白。天时暴暄[1]，芽萌狂长，采造留积，虽白而黄矣。青白者蒸压微生。灰白者蒸压过熟。压膏不尽，则色青暗。焙火太烈，则色昏赤。

【注释】

[1] 暄：太阳的温暖，此处指阳光强烈。

【译文】

对点茶的茶色点评，以纯白色为上等真品，青白色第二，灰白色第三，黄白色为第四。在采制茶的时候，如果能遇上好的时节，有高超的制作技术，茶色必然纯白。如果采摘时天气暴热，茶芽猛长，采叶后又不能立刻制作，堆积过多，就会使原来的白色变成黄色了。青白色是因为蒸压不够，芽叶还没有全部蒸熟。灰白色则是蒸压过度，芽叶熟烂了。榨茶时不把茶膏压干，茶色就灰暗。焙茶时火力过猛，茶色就黑红。

十八

藏焙

【原文】

数焙则首面干而香减，失焙则杂色剥而味散。要当新芽初生，即焙以去水陆湿之气。焙用热火置炉中，以静灰[1]拥合七分，露火三分，亦以去水陆风湿之气。焙用热火置炉中，以静灰以轻灰糁覆。良久即置焙篓上，以逼散焙中润气。然后列茶于其中，尽展角焙，未可蒙蔽，候火速彻覆之。火之多少，以焙之大小增减。探手炉中，火气虽热，而不至逼人手者为良。时以手挼茶，体虽甚热而无害，欲其火力通彻茶体尔。或曰，焙火如人体温，但能燥茶皮肤而已，内之湿润未尽，则复蒸暍[2]矣。焙毕，即以用久漆竹器中缄藏之。阴润勿开。如此终年，再焙色常如新。

【注释】

[1] 静灰：此处有误。据其他茶书记载，应为“静炭”，即没点燃的炭。

[2] 暍：热气。

【译文】

焙茶的次数多就会使茶叶表面干缩、香味减少，但焙炙的次数少，茶叶又杂色斑驳香味不浓厚。所以应该在茶树新芽刚刚萌发生长时就采摘叶芽并立刻焙炙，以此除去茶芽中来自大自然的湿气。焙茶的时候，先把点燃的炭火放在火炉里，再把没点燃的炭覆盖在上面，盖住十分之七，只露出十分之三的火，将一点炭灰掺进去轻轻盖在火上。放置许久后，再放到焙篓上，用来驱散焙篓的潮气。然后把茶芽平铺在焙篓里，要全部伸展开叶芽，不可互相遮蔽，焙炙时还要经常翻动。火的大小，要依据焙篓的大小而增减。把手伸进火炉，火气虽然热，却不使人手感到受不了为最好。要不断用手 茶，让火力通透茶的内外。有人

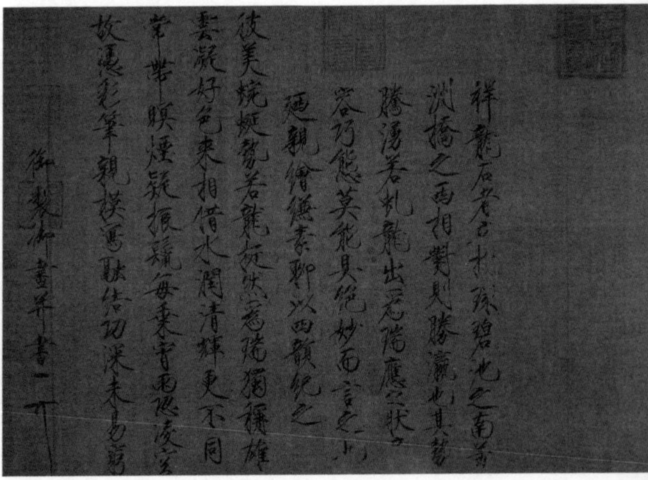

说，炭火的温度如同人的体温时，只能使茶的外表干燥，茶体内的湿气焙不干，储存时会有热气蒸发。茶焙炙完毕后，立刻拿旧竹器瓶篓之类装好并封闭严实。如果是平日阴雨天，不能打开取茶。到年底再取出焙炙一次，这样茶色就会和封闭时的新茶一样。

听琴图

北宋，赵佶绘，绢本，设色。北京故宫博物院藏。后世有学者认为：画中听琴者红袍者为蔡京，青袍者为童贯。

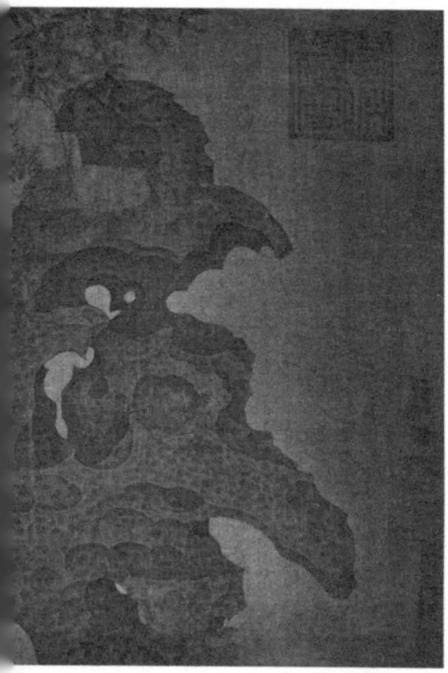

祥龙石图

北宋，赵佶绘。北京故宫博物院藏。

十九

品名

【原文】

名茶各以圣产之地叶。如耕之平园台星岩叶，刚之高峰青凤髓叶，思纯之大岚叶，屿之屑山叶，五崇柞之罗汉上水桑芽叶，坚之碎石窠石臼窠叶，琼叶，辉之秀皮林叶，师复师贶之虎岩叶，椿之无又岩芽叶，懋之老窠园叶，各擅其美，未尝混淆，不可慨举。后相争相鬻，互为剥窃，参错无据。不知茶之美恶，在于制造之工拙而已，岂岗地之虚名所能增减哉。焙人之茶，固有前优而后劣者，昔负而今胜者，是亦园地之不常也。

【注释】

说明：此处所言及的各产茶地和名茶，随着饮茶方式的改变，以及近代的发展，今已大部分不存在，注亦无甚意义，故不注。

【译文】

名茶都是各国产地所出产的珍贵茶叶。像耕之平圆台星岩茶，刚之高峰的青凤髓叶，思纯的大岚叶，屿山的屑山茶，五崇柞的罗汉上水桑芽叶，坚之碎石窠石臼窠叶，琼叶，辉之秀皮林叶，师复师贶的虎岩叶，椿之无又岩芽叶，茂之老窠园叶，各自有各自的优点，不能混杂在一起，并非一时列举就能说完的。后来，各国茶叶出产地竞争出卖，互相冒充，弄得交错混乱、没有依据。不知道茶叶品质的好坏，主要在于加工制造的精巧笨拙方面，这不是山岗产地的虚名就能提高或降低它们的品位的。焙制茶的人，定然有先前优良而后来低劣的，也有过去差而如今好的，这就是各产地的名茶不能长期不变的原因。

二十

外焙

【原文】

世称外焙[1]之茶，脔小而色驳，体耗而味淡。方正之焙，昭然则可。近之好事者，箧笥之中，往往半之，蓄外焙之品。盖外焙之家，久而益工，制之妙，咸取则于壑源，效像规模摹外为正。殊不知其脔虽等而蔑风骨，色泽虽润而无藏畜，体虽实而缜密乏理，味虽重而涩滞乏香，何所逃乎外焙哉？虽然，有外焙者，有浅焙者。盖浅焙之茶，去壑源为未远，制之能工，则色亦莹白，击拂有度，则体亦立汤，惟甘重香滑之味，稍远于正焙耳。于治外焙，则迥然可辨。其有甚者，又至于采柿叶桴榄之萌，相杂而造。叶虽与茶相类，点时隐隐如轻絮，泛然茶面，粟文不生，乃其验也。桑苎翁[2]曰："杂以卉莽，饮之成病。"可不细鉴而熟辨之。

【注释】

[1] 外焙：非官方正式设置的焙茶处所，即个人私设的茶叶加工制造处所。

[2] 桑苎翁：陆羽的别号。即从事农桑的老翁，有自我调侃味道，亦显闲淡情趣。

【译文】

世人把在个人私设处所里制造加工出的茶叶，称为外焙茶。看上去茶肉瘦小而且颜色不纯，茶的形状不全而且味道不到位。和正焙的茶相比较，有明显的差别。近来有些爱好此事的人，在他们的茶筒里，装有一半的外焙茶。大致说，外焙的人家，制茶时间久了，技术也很精湛，制出的茶味道也很不错。他们也是从山沟采来的茶叶，制茶的模子也都是模仿官方正焙制作的。但他们不知道，外焙的私茶，和正焙的官茶相比，茶的形状相近但却缺乏风骨，外表颜色光泽丰润而实质没有内涵，茶体硬实但体纹没有条理，茶味很重却苦涩没有香气，怎么能摆脱外焙的本身弱点呢？现在，有外焙的茶，也有浅焙的茶。浅焙的茶，离茶产地近，制作再优良些，茶色也会晶莹纯白，煎茶时拍打拂扬适度，也能点出好茶汤，不过茶的甘甜浓重、清香爽口的美味，与正焙茶相比还略微差一些。再与外焙茶加以比较，是立刻就能辨别明了的。现在还有更不像话的人，采摘刚刚发芽的柿树叶，掺杂到茶叶里焙制。虽然柿树叶和茶叶相似，但点茶时会隐隐有像飞絮似的小团漂浮在茶面上，使茶汤不出现应有的沫饽花纹，这就能验出这是掺假的茶。陆羽说：“掺上有毒的其他树叶，人喝了会生病。”喝茶的人怎么能不仔细鉴别呢？

图书在版编目（CIP）数据

吃茶记：彩色典藏版 /（日）荣西禅师著；施袁喜译注，—北京：作家出版社，2017.3

ISBN 978-7-5063-9434-5

I.①吃… II.①荣… ②施… III.①茶文化－日本 IV.①TS971.21

中国版本图书馆CIP数据核字（2017）第164244号

吃茶记：彩色典藏版

作　　者：[日] 荣西禅师/著　施袁喜/译注

责任编辑：张　平

装帧设计：设计工作室 010-62015184 774038217@QQ.COM

出版发行：作家出版社

社　　址：北京农展馆南里10号　　邮　　编：100125

电话传真：86-10-65930756（出版发行部）

86-10-65004079（总编室）

86-10-65015116（邮购部）

E-mail:zuojia@zuojia.net.cn

http://www.haozuojia.com（作家在线）

印　　刷：北京彩和坊印刷有限公司

成品尺寸：130×185　　字　　数：60千字

印　　张：9.5

版　　次：2018年4月第1版

印　　次：2018年4月第1次印刷

ISBN 978-7-5063-9434-5

定　　价：98.00元

喫茶養生記

喫茶養生記 上